国家电网有限公司特高压建设分公司
STATE GRID UHV ENGLNEERING CONSTRUCTION COMPANY

特高压主设备厂家安装说明书编审要点

（2022 年版）

国家电网有限公司特高压建设分公司　组编

中国电力出版社
CHINA ELECTRIC POWER PRESS

内 容 提 要

为进一步落实国家电网有限公司"一体四翼"战略布局，促进"六精四化"三年行动计划落地实施，提升特高压工程建设管理水平，国家电网有限公司特高压建设分公司系统梳理、全面总结特高压工程建设管理经验，提炼形成《特高压工程建设标准化管理》等系列成果，涵盖建设管理、技术标准、施工工艺、典型工法、经验案例等内容。

本分册为《特高压主设备厂家安装说明书编审要点（2022 年版）》，全书包括 5 章内容，分别为厂家安装说明书管理要求，换流变压器安装说明书编审要点，1000kV 电力变压器、电抗器安装说明书编审要点，换流阀设备安装说明书编审要点，以及 GIS 安装作业指导书编审要点。

本套书可供从事特高压工程建设的技术人员和管理人员学习使用。

图书在版编目（CIP）数据

特高压主设备厂家安装说明书编审要点：2022 年版/国家电网有限公司特高压建设分公司组编 .—北京：中国电力出版社，2023.11
ISBN 978 - 7 - 5198 - 8379 - 9

Ⅰ.①特…　Ⅱ.①国…　Ⅲ.①特高压输电－电力设备－设备安装－研究　Ⅳ.①TM63

中国国家版本馆 CIP 数据核字（2023）第 224889 号

出版发行：中国电力出版社
地　　址：北京市东城区北京站西街 19 号（邮政编码 100005）
网　　址：http://www. cepp. sgcc. com. cn
责任编辑：翟巧珍（806636769@qq. com）
责任校对：黄　蓓　郝军燕
装帧设计：郝晓燕
责任印制：石　雷

印　　刷：北京九天鸿程印刷有限责任公司
版　　次：2023 年 11 月第一版
印　　次：2023 年 11 月北京第一次印刷
开　　本：880 毫米×1230 毫米　16 开本
印　　张：9.75
字　　数：217 千字
定　　价：70.00 元

《特高压主设备厂家安装说明书编审要点（2022年版）》

编 委 会

主　任	蔡敬东　种芝艺
副主任	孙敬国　张永楠　毛继兵　刘　皓　程更生　张亚鹏
	邹军峰　安建强　张金德
成　员	刘良军　谭启斌　董四清　刘志明　徐志军　刘洪涛
	张　昉　李　波　肖　健　白光亚　倪向萍　肖　峰
	王新元　张　诚　张　智　王　艳　王茂忠　陈　凯
	徐国庆　张　宁　孙中明　李　勇　姚　斌　李　斌

本书编写组

组　　　长	邹军峰
副　组　长	白光亚　倪向萍
主要编写人员	侯　镭　张　鹏　刘　波　侯纪勇　张　智　李同晗
	宋洪磊　王小松　马　勇　向宇伟　谢永涛　于海宁
	杨红燕　刘相镇　杨杰轩　肖立元　丁　旭　王晓民
	杜玉格　冉贤贤　孙　阳　董　迪　陈　鹏

序

从 2006 年 8 月我国首个特高压工程——1000kV 晋东南—南阳—荆门特高压交流试验示范工程开工建设，至 2022 年底，国家电网有限公司已累计建成特高压交直流工程 33 项，特高压骨干网架已初步建成，为促进我国能源资源大范围优化配置、推动新能源大规模高效开发利用发挥了重要作用。特高压工程实现从"中国创造"到"中国引领"，成为中国高端制造的"国家名片"。

高质量发展是全面建设社会主义现代化国家的首要任务。我国大力推进以稳定安全可靠的特高压输变电线路为载体的新能源供给消纳体系规划建设，赋予了特高压工程新的使命。作为新型电力系统建设、实现"碳达峰、碳中和"目标的排头兵，特高压发展迎来新的重大机遇。

面对新一轮特高压工程大规模建设，总结传承好特高压工程建设管理经验、推广应用项目标准化成果，对于提升工程建设管理水平、推动特高压工程高质量建设具有重要意义。

国家电网有限公司特高压建设分公司应三峡输变电工程而生，伴随特高压工程成长壮大，成立 26 年以来，建成全部三峡输变电工程，全程参与了国家电网所有特高压交直流工程建设，直接建设管理了以首条特高压交流试验示范工程、首条特高压直流示范工程、首条特高压同塔双回交流示范工程、首条世界电压等级最高的特高压直流输电工程为代表的多项特高压交直流工程，积累了丰富的工程建设管理经验，形成了丰硕的项目标准化管理成果。经系统梳理、全面总结，提炼形成《特高压工程建设标准化管理》等系列成果，涵盖建设管理、技术标准、工艺工法、经验案例等内容，为后续特高压工程建设提供管理借鉴和实践案例。

他山之石，可以攻玉。相信《特高压工程建设标准化管理》等系列成果的出版，对于加强特高压工程建设管理经验交流、促进"六精四化"落地实施，提升国家电网输变电工程建设整体管理水平将起到积极的促进作用。国家电网有限公司特高压建设分公司将在不断总结自身实践的基础上，博采众长、兼收并蓄业内先进成果，迭代更新、持续改进，以专业公司的能力与作为，在引领工程建设管理、推动特高压工程高质量建设方面发挥更大的作用。

2023 年 6 月

前言

　　特高压工程的高质量建设以及长期安全稳定可靠运行，高质量的主设备是其中的核心和关键。为了确保特高压主设备的高质量和高可靠性，在科学确定设备设计方案，严格把控主设备关键组部件、原材料质量以及厂内生产制造工艺的基础上，在现场建设环节，如何做到更高质量的现场安装，就显得至关重要。

　　特高压主设备技术复杂、安装难度大、指标要求严，且不同厂家设备技术路线、技术方案、安装工艺要求都存在不同程度差异。因此，从特高压工程建设实施以来，始终坚持"厂家指导""厂家主导"的安装工作原则，努力在现场实现"工厂化安装"，厂家在特高压主设备安装技术把握上始终发挥主导作用。厂家提供的设备安装说明书（作业指导书），通常都作为指导主设备现场安装的最重要技术依据，其执行优先级往往高于施工验收规范等国家、行业和国家电网有限公司的技术标准。因此，通常而言，建设管理单位对厂家安装说明书的技术审查开展较少。安装单位都是以厂家安装说明书为依据编制主设备安装专项施工方案，建设管理单位重点对专项施工方案进行审查。

　　与此同时，厂家在编制特高压主设备安装说明书时，往往因为各自技术习惯不同，安装说明书编写体例、格式各异，各部分详略、重点不同。厂家往往针对特定型号设备编制通用版本的安装说明书，对工程现场实际情况针对性不强，技术及工艺要求的优化以及对国家电网公司相关技术要求响应不及时，因此提供给现场的设备安装说明书存在编写质量不高、针对性不强，个别时候甚至存在错误或者违反基建、运行要求的情况，影响设备高质量验收和高质量投运。

　　厂家安装说明书涉及的专业多，不仅要符合基本的设备安装规程规范、反事故措施，同时也要考虑与标准工艺的协调性、与招标文件的符合性等，由建设管理单位组织开展厂家安装说明书审查，难度较大。为指导厂家安装说明书规范编制和审查，国家电网有限公司特高压建设分公司组织编制本书，以特高压换流站、变电站中换流变压器、1000kV 电力变压器及电抗器、换流阀、GIS 最核心的四类设备为例，明确了安装说明书应包含的内容、编审要点，并给出了各部分的编写示例，可为安装说明编审工作提供借鉴，有利于提高设备安装说明书编制和审查质量。

　　由于时间仓促，本书中难免存有不妥之处，恳请读者批评指正。

编　者

2023 年 11 月

目录

1 厂家安装说明书管理要求

1.1 安装说明书概述

（1）厂家安装说明书是由特高压设备厂家根据设备技术方案，结合工程现场实际情况等编写的安装作业指导文件，通常可称为"安装说明书""安装作业指导书"等。

（2）厂家安装说明书编写应符合厂家主导、工厂化、智能化安装的基本原则，响应招标文件中对于设备安装技术与管理方面的要求。

（3）在厂家主导、与安装单位分工配合的前提下，厂家安装说明书内容应包含主设备现场安装的所有工作内容，而不仅是厂家自行负责的安装工作部分。

（4）安装单位编制主设备安装专项施工方案，应以经建设管理单位审定的厂家安装说明书作为依据和输入条件。

1.2 安装说明书主要内容

厂家安装说明书一般应包括以下内容。

（1）编制依据：应列出编制厂家安装说明书的主要依据文件，包括不限于相关的标准（国标、行标、企标），政府及国家电网公司相关的制度文件、指导意见及规范性文件，工程设计文件、产品设计文件以及招标技术文件等。

（2）适用范围：应明确适用的产品型号以及所属工程，必要时可以对适用的气候条件、海拔等进行限定明确。

（3）设备概况：应描述设备的结构组成、重要技术参数、所属工程情况及设备的工程方案等。

（4）安装流程及职责划分：明确设备安装的总体流程，以及厂家与安装单位在设备现场安装中的职责划分和工作界面，必要时还可明确业主、监理、设计等工程建设责任方在设备安装中的职责。

（5）安装准备：主要描述开展设备安装前，应做的相关准备工作，包括不限于人员、技术方案、施工机具、工器具、材料等。

（6）设备验收储存：主要描述设备到货验收的检查要点、现场储存、运输的技术要求等。

（7）安装前接口验收：主要描述设备开始安装前，应具备的设备基础、环境等条件等。主要体现与土建施工单位或其他工程责任方的接口及验收要求。

（8）设备安装：为厂家安装说明书的核心内容，主要描述设备现场组装、工艺处理、二次施工等安装技术及工艺要求。

（9）安装后检查及试验：主要描述设备安装完成后及带电调试、试运行前，为确保设备安全可靠投运，需开展的设备状态检查确认以及必需的交接试验等内容。

（10）其他：根据设备特点及安装质量控制重点，厂家安装说明书中还应包含安装环境控制、设备运输转运等必要的章节。

1.3　管　理　要　求

（1）设备厂家，应针对特定型号设备产品，编制通用版本安装说明书，并持续滚动修订、更新。结合具体工程条件和特定技术要求，应在通用版本的基础上，编制针对特定工程的设备安装说明书，并应依据此设备安装说明书开展现场安装技术交底，参与安装单位设备安装专项方案的审查。严格执行审定的设备安装说明书，主导现场安装并对安装单位现场安装工作进行监督指导。

（2）建设管理单位（业主项目部）负责组织审查设备厂家编制提交的设备安装说明书，厂家设备安装说明书应于设备启动安装 45 天前提交审查，并应于设备启动安装前 30 天完成审定，安装说明书审查可与设备安装交底同步开展。

（3）厂家在提交审查安装说明书的同时，应针对供货设备落实强条、反措、标准工艺、招标技术要求等情况进行说明，如存在技术偏差的，应说明原因并在安装说明书审查时一并审查确认。

（4）物资、运行、设计、监理、电气安装单位参与厂家设备安装说明书审查。必要时可要求相关设备、安装方面的专家参与审查。

（5）厂家设备安装说明书一经审定将作为工程设备安装的指导文件，必须严格执行，不得随意变更，确需变更的应重新履行审批程序。

（6）安装单位应依据审定的厂家安装说明书，编制专项施工方案，并提交监理、建设管理单位（业主项目部）审查。同时应制订适用于工程设备安装的"一表一卡"，在工程中使用。

（7）设备厂家应及时根据安装说明书审查以及现场实施中发现问题、优化提升方向，对通用版本安装说明书进行滚动修订、更新。

2 换流变压器安装说明书编审要点

2.1 编审基本要求

2.1.1 应包含的主要内容

(1) 编制依据。

(2) 适用范围。

(3) 设备概况。

(4) 设备运输装卸。

(5) 安装流程及职责划分。

(6) 安装准备。

(7) 设备验收储存。

(8) 安装前接口验收。

(9) 设备安装。

(10) 真空注油、热油循环及静放。

(11) 安装后检查及试验。

(12) 运行。

2.1.2 编审要点

2.1.2.1 编制依据

编制依据应为国家、行业、企业最新的规程规范要求，应包含《国家电网有限公司十八项电网重大反事故措施（2018年修订版）》、国家能源局《防止直流输电系统安全事故的重点要求》、招标技术文件及厂家规范性文件等。

2.1.2.2 适用范围

应明确安装说明书适用的设备型号及所属工程，不应采用厂家通用安装说明书（作业指导书）直接用于具体工程。

2.1.2.3　设备概况

应描述设备的基本组成，重要技术参数、指标，针对具体工程的设备技术方案等。

2.1.2.4　设备运输装卸

（1）换流变压器顶推、顶升、牵引时应在产品设计的指定位置，并应采取成品保护措施，不得损坏地面或基础。

（2）换流变压器移动就位时应缓慢均匀，防止冲撞和振动，运输速度不应超过 2m/min。

（3）使用顶升装置顶升换流变压器时，应沿长轴方向前后交替起落，不应四点同时起落；两点起升与下降时应操作协调，各点受力均匀；升降过程中应有防止顶升装置失压和打滑的措施。

（4）换流变压器就位尺寸偏差应严格按照设计文件要求控制。

2.1.2.5　安装流程及职责划分

应明确换流变压器安装的主要工艺流程，以流程图表示。明确厂家与安装单位的分工界面，分工界面应符合招标文件相关要求，招标文件未明确的，应按《国网直流部关于明确特高压换流站主设备安装界面分工的通知》（直流技〔2017〕16 号）执行，需对分工界面进行调整或进一步细化的，应在安装说明书编制审查过程中明确。

2.1.2.6　安装准备

明确安装所需的设备、工器具及材料。

2.1.2.7　设备验收储存

（1）大件运输、设备厂家、监理、建设、物资、施工见证，按照开箱清单如数核查大小附件无误，并按策划要求存管；收齐产品技术文件，办理签证记录。

（2）检查冲撞记录仪，三维记录仪数值不应大于 3g（±1100kV 换流变压器套管冲击记录值不应大于 2g），原始记录必须有相关负责人签证，并留存归档。

（3）充气运输的变压器应密切监视气体压力，压力应保持在 0.01～0.03MPa（±1100kV 换流变压器为 0.02～0.03MPa）范围。当低于最低压力时应补干燥气体，现场充气保存时间不应超过 3 个月，否则应注油保存，并装上储油柜。

2.1.2.8　安装前接口验收

（1）预埋件位置正确，基础标高和水平度应符合设计和制造厂要求，表面平整度≤8mm，基础中心线位移≤10mm，并在基础上画出准确就位参照轴线。

（2）换流变压器基础、轨道路径及安装区域的大型机械设备承重强度检测，应符合承载换流变压器总质量及设计要求。

（3）在基础复核过程中，要同步按照图纸，对阀侧套管接线板中心与阀厅支柱绝缘子底座基础中心相对位置进行复核。

2.1.2.9　设备安装

应对换流变压器安装中安全环境条件，器身暴露空气中的时间、内检、附件安装、套管安装等工艺要求进行详细描述，对与技术规范、标准工艺存在差异的工艺要求应列明差异情况。

（1）换流变压器附件安装前应经过检查或试验合格，铁芯和夹件绝缘试验合格。

（2）本体应采用双浮球并带挡板结构的气体继电器。气体继电器、温度计、压力释放阀应送第三方检测。

（3）露空安装附件时，环境相对湿度应小于75％，应向本体内持续补充露点低于－40℃（±1100kV换流变压器应低于－55℃）的干燥空气，补气速率满足产品技术文件要求。

（4）附件安装应严格监控本体露空时间，环境相对湿度、连续露空时间、累计露空时间均应符合相关规范及产品技术要求，场地四周应清洁，并有防尘措施，每次应打开不超过两处盖板。

（5）所有拆装法兰（闷板）密封，应更换产品提供的优质耐油密封垫（圈），密封垫（圈）与法兰面匹配，密封面清洁。橡胶密封垫的压缩量不宜超过其厚度的1/3。其法兰螺栓应按对角线位置依次均匀紧固，紧固后的法兰间隙应均匀，紧固力矩值应符合产品技术规定。

（6）调压开关安装：操动机构传动应可靠，操作正常，挡位切换指示正确。调压开关的机械连锁与极限开关的电气连锁动作应正确；传动机构活动部件应涂抹适合当地气候条件的润滑脂。

（7）冷却器安装：应做密封检查，按产品要求的顺序编号吊装。其管道支架安装牢固，管路清洁无锈迹。连接法兰无错口，蝶阀开启灵活，油泵、油流继电器等安装正确，整体密封圈放置正确到位。

（8）套管吊装。

1）应先吊装阀侧，后吊装网侧。为减少本体露空时间，应在套管吊装前，安装好管道支架、冷却器，升高座等附件。

2）升高座安装前，其电流互感器的变比、极性及排列应符合设计且试验应合格。电流互感器接线螺栓和固定件的垫块应紧固，端子板应密封良好，无渗油现象，清洁无氧化。电流互感器和升高座的中心应一致。

3）套管安装必须使用厂家提供的专用吊装工器具进行吊装，套管与专用吊具的连接固定应可靠并满足产品技术文件要求。

4）阀侧套管安装就位时，应及时按照厂家安装技术要求完成下部支撑结构的固定。套管顶部结构的密封垫应安装正确，密封应良好，引线连接可靠、螺栓达到紧固力矩值，套管端部导电杆插入尺寸应满足产品技术文件的规定。

（9）储油柜安装。

1）储油柜胶囊观感质量完好，清洁无油垢，采用干燥空气充满胶囊，密封检查不泄漏。

2）柜体内壁应无尖角或毛刺，胶囊摆布与储油柜长轴保持平行无扭偏，胶囊口的密封应良好，呼吸应通畅。

3）油位指示装置动作应灵活，指示应与储油柜的真实油位相符；油位信号接点正确，绝缘良好。

（10）气体继电器安装。

1）气体继电器临时固定件应解除，相关集气盒内应充满绝缘油且密封严密。

2）气体继电器两侧蝶阀与法兰连接端正无错位，开启无阻碍。

（11）内检和接线。

1）芯检中应向油箱内持续补充露点低于－40℃（±1100kV 换流变压器应低于－55℃）的干燥空气，保持含氧量在 19.5％～23.5％、相对湿度不大于 20％，保持微正压。

2）检查运输支撑和器身各部位应无移动现象，运输用的临时防护装置及临时支撑件应予以拆除，应经过清点后做好记录。

3）铁芯绕组检查：绕组绝缘围箍、压钉垫块应无松动；围屏端的各绕组防松绑扎完好，套管绕组连接部分质量良好，绝缘螺栓应无损坏等。箱底清洁无油垢，油路无阻塞。铁芯夹件及穿芯螺栓接地线连接应无松动且无多点接地。

（12）调压切换装置检查。

1）各分接头与绕组的连接应紧固正确；各分接头应清洁，且接触紧密，弹力良好；机械动作正常，销扣锁定可靠。

2）选择开关、范围开关应接触良好，分接引线应连接正确、牢固，切换开关部分密封良好。

（13）箱壁上的阀门应开闭灵活、指示正确。

2.1.2.10　真空注油、热油循环及静放

应对换流变压器安装中抽真空、真空注油、热油循环、静置、排气等工艺要求进行详细描述，对与技术规范、标准工艺存在差异的工艺要求应列明差异情况。

（1）抽真空。

1）抽真空监测油箱变形不超过箱壁的 2 倍厚度。

2）抽真空前应将在真空下不能承受机械强度的附件与油箱隔离，对允许抽真空的部件（储油柜、调压开关、冷却器、继电器）应同时抽真空。

3）真空泵或真空机组应有防止突然停止或因误操作而引起真空泵油倒灌的措施。

4）真空残压及真空保持时间，应符合相应规范及产品技术文件要求。

（2）真空注油。

1）注入变压器的绝缘油简化分析、色谱检测等结果无异常，不同牌号的绝缘油不应混合使用。

2）变压器新油应由生产厂提供新油无腐蚀性硫、结构簇、糠醛及油中颗粒度报告。对 500kV 及以上的换流变压器还应提供 T501（抗氧化剂）等检测报告。

3）注油全过程应保持真空，滤油机出口绝缘油温度应控制在（65±5）℃范围内。注油时宜从下部油阀注入，注油速度宜不大于 100L/min。

4）注油完成，应切断储油柜与胶囊的连通（关闭旁通阀），经吸湿器干燥空气充分张开胶囊，

防止假油位。

（3）热油循环。

1）热油循环中，冷却器组应轮流开启同时进行。滤油机出口油温应控制在（65±5)℃，本体底部油温应大于 40℃。当环境温度全天平均低于 15℃时，应对油箱采取保温措施。

2）热油循环需满足产品技术文件要求，如无要求，热油循环时间不应少于 48h，且循环油量不应少于 3 倍换流变压器总油量。

3）储油柜油位调整应与换流变压器的温度曲线图对应，并指示正确。补油时，应排尽各处附件内的空气。调压开关储油柜油位调整时，应与本体隔断后操作。

（4）静置：注油完成，进行试验的静置时间应符合产品技术文件和规范要求。

2.1.2.11　安装后检查及试验

（1）交接试验项目应符合 GB 50150—2016《电气装置安装工程电气设备交接试验标准》、DL/T 274—2012《±800kV 高压直流设备交接试验》等要求。

（2）换流变压器应进行整体密封性试验。宜通过储油柜吸湿器接口充入压力为 0.03MPa 的干燥空气或氮气，持续 24h 应无渗漏。通过顶部排气塞在附件储油柜、冷却器、继电器、压力释放阀、管道、升高座等，做多次排气。密封试验过程中应关闭压力释放阀部位的蝶阀，或监控充注的气体压力值范围，防止意外过压喷油。

2.1.2.12　运行

应明确设备运行后，特别是调试、试运行及运行初期，应关注的主要设备状态及油指标。针对可能出现的异常情况，应明确具体检查处理方式。

2.1.3　有关技术要求

（1）换流变压器套管升高座与油箱本体应加强结构设计，油箱应能够承受真空度为 13.3Pa 和正压力为 0.12MPa 的机械强度校核或试验，不得有损伤和不允许的永久变形。

（2）换流变压器应配置带一体成型胶囊的本体储油柜，油重 180t 以下的换流变压器本体储油柜有效储油容积不低于本体油量的 10%，180t 以上的换流变压器本体储油柜有效储油容积不低于本体油量的 8%；有载分接开关储油柜容积不应低于全部开关油室容积的 50%；本体及有载分接开关储油柜注放油阀应引至油箱下部。

（3）换流变压器网侧套管升高座应配置独立气体继电器，提高升高座区域故障预警能力。

（4）换流变压器阀侧穿墙套管穿墙区域地电位屏蔽罩、升高座及本体之间应确保等电位连接可靠，经换流变压器本体一点接地并满足热稳定容量要求。

（5）换流变压器铁芯、夹件的接地引线应从器身引至油箱侧壁，并通过电缆、铜排等与地网可靠连接，引下线标识清晰，引下线的位置应便于运维人员检测（监测）接地电流。

（6）换流变压器、油浸式平波电抗器就地控制柜冷却器控制柜和有载分接开关机构箱，应满足电子元器件长期工作环境条件要求且便于维护，防护等级不低于 IP55（风沙地区不低于 IP56）。

（7）换流变压器的潜油泵轴承应采取 E 级或 D 级，禁止使用无铭牌、无级别的轴承。对强迫油导向循环的潜油泵应选用转速不大于 1500r/min 的低速潜油泵。温升试验中，潜油泵运行状态应与额定运行状态一致。

（8）气体继电器、油流继电器、压力释放阀、SF$_6$ 压力表（密度继电器）在现场安装之前，应取得有资质的校验单位出具的有效期内校验报告，换流变压器生产厂家还应提供非电量保护整定值说明。

（9）油流回路联管法兰连接部位（含波纹管）在水平、垂直方向不应出现超过 10mm 的偏差，防止运行过程中法兰受应力作用出现松脱或开裂；法兰密封圈应安装到位，防止因安装工艺不良引发渗漏油。

（10）换流变压器的管路、阀门等相关组部件安装前，应检查外观无锈蚀、无水迹，并通过内窥镜检查管路内壁漆膜均匀覆盖、无异物，必要时应使用热油进行冲洗。

（11）系统调试期间应进行油箱热点检查，记录油箱发热情况并及时处理发热缺陷。留存大负荷试验油箱发热红外图片。

（12）换流变压器阀侧套管不宜采用充油套管。换流变压器及油浸式平波电抗器穿墙套管的封堵应使用阻燃、非导磁材料。

（13）采用 SF$_6$ 气体绝缘的换流变压器套管等应配置 SF$_6$ 密度继电器，密度继电器的跳闸触点不应少于三对，并按"三取二"逻辑出口。

2.1.4　其他要求

厂家安装说明书还应满足招标文件规定的技术工艺指标、智慧安装、数字化、新技术应用及现场服务等方面的要求。

设备厂家应在现场安装中应提供油浸主设备安装监控所需硬件，主要包括监控装置、传感器及接口工装等，油浸主设备安装监控应具备绝缘油过滤（若需）、内检、抽真空、真空注油、热油循环等作业在线监控功能，满足主设备智慧安装需要。

2.1.4.1　绝缘油过滤监控技术要求

（1）实时监测绝缘油过滤过程中油流速、流量、油温、颗粒度、含气量、含水量等数据指标，获取滤油机运行状态信息。

（2）应具备控制输油管路阀门自动开闭、监测油罐液位、判定当前油罐绝缘油过滤进程等功能，可实现自动滤油一键式操作。从安全和防误操作角度考虑，应在自动滤油过程中实现阀门间的连锁、互锁。

（3）针对阀门拒动、勿动，油指标异常，油位越限等情况应及时发出告警信息。

注　该功能根据建设方实际需求选用，如需实现本功能，电气安装单位需在现场搭建全密封滤油系统，在输油管路配置气动/电动阀门，在油罐配置电子液位计，相关控制回路、信号回路接入监控装置。

2.1.4.2　内检作业监控技术要求

（1）实时监测内检作业过程中油浸设备内部含氧量、露点、压力、真空度等数据指标，对设备内部持续露空时间进行自动计时。

（2）获取真空机组、干燥空气发生器等设备运行状态信息，获取外部天气数据，当天气情况不满足露空作业要求时，应发出预警提醒。

（3）自动判定相关工艺要求是否达标，对不满足工艺要求及其他异常情况及时告警提醒。

2.1.4.3　抽真空作业监控技术要求

（1）实时监测抽真空作业过程设备内部露点、真空度等数据指标，获取真空机组运行状态信息。

（2）可自动计算真空泄漏率，判定结果是否合格。

（3）自动判定相关工艺要求是否达标，对不满足工艺要求及其他异常情况进行告警提醒。

2.1.4.4　真空注油作业监控技术要求

（1）实时监测真空注油作业过程中油流速、流量、油温、颗粒度、含气量、含水量等指标，获取滤油机、真空机组运行状态信息。

（2）如现场具备全自动滤油功能，应实现与滤油区联动控制，在注油过程中自动切换油罐，具备一键自动注油功能。

（3）自动判定相关工艺要求是否达标，对不满足工艺要求及其他异常情况进行告警提醒。

2.1.4.5　热油循环作业监控技术要求

（1）实时监测热油循环作业过程中油流速、流量、入口油温、出口油温、颗粒度、含气量、含水量等指标，获取滤油机运行状态数据信息。

（2）应自动判定循环油温是否达到计时条件，自动计时。

（3）自动判定相关工艺要求是否达标，对不满足工艺要求及其他异常情况进行告警提醒。

2.1.4.6　其他技术要求

（1）主要工艺数据指标的监测精度不应低于表 2-1 要求。

表 2-1　　　　　　　　　　　　　　　主要工艺数据指标的监测精度

序号	数据指标		精度误差要求
1	绝缘油	总流量	≤±0.2%
2		瞬时流量	≤±0.2%
3		含水量	≤±1μL/L
4		含气量	≤±0.1%
5		颗粒度	NAS 等级的±0.5
6		油温	≤±2℃
7	油浸设备本体侧	真空度	100～1000mbar* 时，≤±30%； 小于 100mbar 时，≤±15%
8		露点	≤±2℃
9		含氧量	≤±5%
10		变压器油箱出口油温	≤±2℃

* 1bar＝10^5Pa。

（2）所提供的传感器、外接工装、管路等不应存在泄漏或构成污染，符合油浸主设备安装工艺要求。

（3）考虑系统功能可靠性，控制装置宜采用就地控制的方式，部署于作业区域附近。控制装置应配备工控触摸屏，实时显示监控数据信息，便于现场人员查看及操作。

（4）外观、标识、防护等符合国家标准、行业标准，考虑防风、防雨措施，满足特高压工程现场长期露天使用要求。

（5）行走和支撑应适应特高压工程现场实际使用状况。

（6）控制系统要求性能可靠、技术先进、使用方便，其内部集成的监控程序及控制逻辑可根据厂家工艺要求进行适应性改造。

（7）数据接口要求：

1）监控装置全部数据信息应同步接入智慧工地平台。

2）设备采样及数据传输间隔不大于 1min。

2.2 "设备概况"示例

ZZDFPZ-415000/500-800 型换流变压器主要技术参数如表 2-2 所示。

表 2-2　　　　　　　ZZDFPZ-415000/500-800 型换流变压器主要技术参数

网侧中性点接地方式		直接接地
型式		单相，双绕组，有载调压，油浸式
额定容量		415MVA
额定电压		$(530/\sqrt{3}+24-6\times1.25\%)/(166.3/\sqrt{3})$ kV
联结标号		Ii0（单相）
频率		50Hz
短路阻抗		$(18\pm0.8)\%$
冷却方式		ODAF
安装地点		户外
环境温度	最高气温	+43.7℃
	最低气温	−16.4℃
	年均气温	+15℃
最大风速（10min）		25.3m/s
多年平均日照强度		1kW/m²
平均相对湿度		73%
设计覆冰		10mm
尺寸与量		详见产品的外形图与运输尺寸图

2.3 "设备运输装卸"示例

（1）本体在运输过程中（包括铁路、公路、船舶运输），变压器本体倾斜度：长轴方向不大于 $15°$，短轴方向不大于 $10°$。在一级以上路面运输时，每小时不超过 15km；在二级路面上运输每小时不超过 10km；在一般路面上（未铺平的公路）运输时每小时不超过 5km。

（2）变压器本体运输根据需要安装冲撞记录仪，分别记录行进方向（纵向），横向和垂直方向的重力加速度，以 g 表示。当各个方向的重力加速度均小于等于 $1.5g$ 时，说明运输的全过程正常。当任一方向的重力加速度大于 $1.5g$ 且不大于 $3g$ 之间时，说明运输过程中发生过一般性冲撞。如果任一方向的重力加速度大于 $3g$ 时，则认为在运输过程中发生过事故。运输问题，应记录清楚，若本体在运输车上有较大位移和处于事故状态，发现问题要拍照，并及时汇报，由运输部门与保险公司联系取证，经有关部门研究解决。一般性情况，交由现场安装单位验收检查处理。

（3）储油柜运输前必须完全干燥，使用临时法兰密封，充氮压力 10kPa。

（4）变压器运到现场，卸货时要在平地上进行，牵引地面要可靠的加固后，垫上导向板，本体牵引须挂在专用拉板上，变压器运到指定位置后，使用千斤顶顶起，铺垫 4 根钢轨，用推进器推移以小于 5m/min 的移动速度，将变压器就位到基础上。现场作业方案，应由安装单位专业部门制定，严格遵守业主对设备装卸车的规定和起重运输的有关规定进行就位工作。

（5）本体的起吊。起吊本体时，必须吊挂所有主吊攀（详见产品外形图），本产品共有 4 个主吊攀。吊绳与垂线夹角不大于 $30°$，各吊绳长度应相等且受力均等。本体吊起时要保持平稳、不倾斜。起吊本体时，在钢丝绳与箱体连接位置放置铝板进行防护。支承起本体时，一边在枕木上，另一边用千斤顶升降，各千斤顶的升降要同步，速度要均匀。

2.4 "安装流程及职责划分"示例

2.4.1 安装流程

换流变压器安装流程如图 2-1 所示。

2.4.2 安装分工界面

换流变压器安装分工界面如表 2-3 所示。

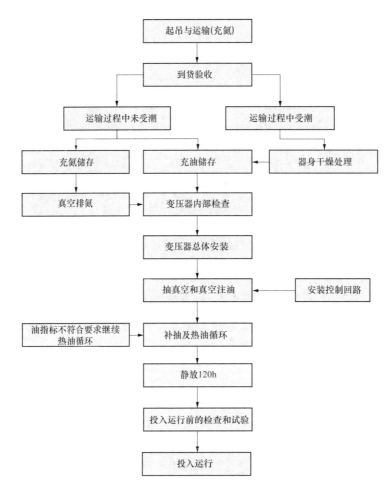

图 2-1 换流变压器安装流程

表 2-3　　　　　　　　　　　　　　换流变压器安装分工界面

序号	项目	内容	责任单位
一、管理方面			
1	总体管理	安装单位负责施工现场的整体组织和协调，确保现场的整体安全、质量和进度有序	安装单位
2	安全管控	安装单位负责对制造厂人员进行安全交底，对分批到场的厂家人员，要进行补充交底	安装单位
		安装单位负责现场的安全保卫工作，负责现场已接收物资材料的保管工作	安装单位
		安装单位负责现场的安全文明施工，负责安全围栏、警示图牌等设施的布置和维护，负责现场作业环境的清洁卫生工作，做到"工完、料尽、场地清"	安装单位
		制造厂人员应遵守国网公司及现场的各项安全管理规定，在现场工作着统一工装并正确佩戴安全帽	制造厂
3	劳动纪律	安装单位负责与制造厂沟通协商，制定符合现场要求的作息制度，制造厂应严格遵守纪律，不得迟到早退	安装单位 制造厂
4	人员管理	安装单位参与换流变压器安装作业的人员，必须经过专业技术培训合格，具有一定安装经验和较强责任心。安装单位向制造厂提供现场人员组织名单，便于联络和沟通	安装单位
		制造厂人员必须是从事换流变压器制造、安装且经验丰富的人员。入场时，制造厂向安装单位提供现场人员组织机构图，并向现场出具相关委托函及人员资质证明，便于联络和管理	制造厂

序号	项目	内容	责任单位
5	交底培训	制造厂负责根据现场安装单位需求时间节点，开展设备安装准备、安装指导及关键环节管控方面交底培训工作	制造厂
6	技术资料	安装单位负责根据制造厂提供的换流变压器设备安装作业指导书，编写设备安装施工方案，并完成相关报审手续。 安装单位负责收集、整理管控记录卡和质量验评表等施工资料	安装单位
7	进度管理	为满足安装工艺的连续性要求，现场需要加班时，安装单位和制造厂应全力配合。加班所产生的费用各自承担	安装单位 制造厂
		安装单位编制本工程的换流变压器安装进度计划，报监理单位和建设单位批准后实施	安装单位
		制造厂配合安装单位制订每日的工作计划，由安装单位实施。若出现施工进度不符合整体进度计划的，安装单位需进行动态调整和采取纠偏措施，保证按期完成	安装单位
8	物资材料	安装单位负责提供室内仓库，用于换流变压器安装过程中的材料、图纸、工器具的临时存放	安装单位
		安装单位应提供规格标准、性能良好的施工器具、安全防护用具、起重机具，并对其安全性负责	安装单位
		安装单位负责换流变压器安装后盖板临时保管、移交，安装期间应及时清理运走，不得影响现场文明施工	安装单位
		制造厂提供符合要求的专用工装，包括吊具、抽真空工装、运输小车等，且数量需满足现场同时安装 2 台或多台换流变压器的需求，具体提供套数根据进度情况协商确定	制造厂
9	防尘设施	汇控柜内部继电器表面应在出厂前覆盖一层塑料薄膜，做好防风沙措施。 厂家应提供套管安装时的防风沙护罩	制造厂
		现场进行二次接线时，安装单位应根据实际情况做好柜体防尘措施，如给汇控柜加装防护罩，在防护罩内进行二次接线工作。提前检查继电器表面防沙薄膜是否完整，不完整的及时补漏。安装单位在换流变压器安装前应提前搭设好附件检查防尘棚（间）	安装单位
		安装单位及制造厂调试人员在进行换流变压器本体调试工作时，应尽量少打开汇控柜的开门数量并及时关闭不调试处的箱门	安装单位 制造厂
二、安装方面			
1	基础复测	制造厂负责就位前检查基础表面清洁程度，负责检查构筑物的预埋件及预留孔洞应符合设计要求	制造厂
		安装单位提供安装和就位所需要的基础中心线，负责换流变压器器身轴线定位符合产品技术要求，负责阀侧套管在阀厅内定位符合设计要求	安装单位
		制造厂对主要基础参数和指标进行复核，负责核实本体与基础接触紧密性符合设计要求	制造厂

续表

序号	项目	内容	责任单位
2	冲撞记录仪检查	安装单位负责三维冲撞仪数据检查，经物资、监理、厂家、大件运输单位共同签字确认，要求符合产品技术要求	安装单位
3	附件清点	设备附件到货后，需要由厂家协同安装单位负责将设备附件清点，并将易碎件等不能保存户外的附件，移交给安装单位放入库房进行保管	安装单位
		制造厂负责提出明确的附件及设备保管存放要求	制造厂
4	散热器安装	厂家和安装单位负责对散热器表面进行外观检查	安装单位制造厂
		厂家负责散热器拼装、吊装的技术指导，并提供足量的合格绝缘油保证散热器冲洗工作要求	制造厂
		安装单位负责散热器组装、吊装，负责配合厂家完成散热器的冲洗及密封试验	安装单位
5	油管路安装	厂家负责分配标记换流变压器各部位油管路，并指导安装连接	制造厂
6	储油柜安装	厂家负责做好储油柜内壁检查，胶囊的检查及安装，确保储油柜内壁无毛刺，胶囊完好	制造厂
		施工单位配合胶囊充气检查，负责储油柜的吊装安装	安装单位
7	换流变压器内检	厂家负责换流变压器内部检查，内检前明确内检内容，请监理及安装单位见证，厂家负责做好内部检查记录	制造厂
		安装单位负责持续向本体内充入干燥空气	安装单位
8	有载调压开关安装	厂家负责有载开关的内部接线，负责有载开关安装后的调试工作	制造厂
		安装单位负责有载开关的吊装和安装	安装单位
9	升高座及套管安装	厂家负责升高座、套管的安装技术指导，并提供专用的吊具	制造厂
		厂家负责升高座、套管安装时的引线连接、内部检查、内部均压罩或均压球的安装	制造厂
		施工单位配合厂家进行升高座、套管吊装，对吊装作业安全性负责	安装单位
		设备升高座法兰连接螺栓需齐全、紧固，满足厂家紧固螺栓顺序及螺栓力矩要求	安装单位
10	管道、阀门安装	安装单位负责管道及相应阀门安装工作	安装单位
		厂家负责检查管道连接情况及阀门开闭方向	制造厂
11	压力释放阀安装	安装单位负责压力释放阀的校验，保证阀盖及弹簧无变动，密封良好，微动开关动作和复位情况正常	安装单位
12	表计、继电器安装	负责提供合格的表计、继电器，且需提供出厂校验报告及合格证	制造厂
		负责相关表计参数非电量定值表	制造厂
		负责表计、继电器安装及到场后的校验	安装单位
13	吸附剂安装	厂家负责吸附剂安装、更换工作，安装单位配合	制造厂
14	对接面	厂家负责所有对接法兰面清洁、润滑脂涂抹、密封圈更换等工作	制造厂
		安装单位负责法兰对接面的螺栓紧固，并达到制造厂技术要求	安装单位
15	牵引就位	安装单位负责换流变压器牵引就位，施工时应按照厂家技术说明书进行换流变压器的顶升、牵引	安装单位

序号	项目	内容	责任单位
16	真空滤油机检查	安装单位负责检查电器控制系统、恒温控制器、各泵轴封、各管路系统及密封处、液位控制、工作压力等相关情况，并进行自循环试运行、油色谱分析试验	安装单位
		制造厂负责提供自循环用油，并指导试验，对检查结果进行确认	制造厂
17	干燥空气发生器检查	安装单位负责检查压缩机油位、电源相序、各阀门开闭情况、变色硅胶颜色、输出露点等	安装单位
		制造厂对检查结果进行确认	制造厂
18	真空机组检查	安装单位负责抽真空前极限真空检测，对连接管路密封性进行检查	安装单位
		制造厂对检查结果进行确认	制造厂
19	抽真空	厂家负责换流变压器抽真空的专用工具，并提供抽真空的技术要求文件或工艺要求。并指导施工人员连接各抽真空点，同时明确换流变压器各部件的蝶阀开关情况	制造厂
		安装单位负责配备符合厂家技术要求的真空泵，按照厂家技术要求进行抽真空，安排好抽真空小组工作，抽真空阶段应对换流变压器及附件进行检查	安装单位
20	注油	厂家负责提供合格的绝缘油	制造厂
		厂家负责注油期间技术指导，特别是针对阀侧套管补油、储油柜补油期间应一同与施工单位进行巡视，需明确储油柜、套管补油期间及结束时各蝶阀的开关情况	制造厂
		厂家负责确认注油量	制造厂
		安装单位负责提供满足技术要求的滤油机，负责注油时的管路连接及注油工作，并与厂家一起进行补油工作及注油工作期间的巡视工作，按照厂家要求进行相应蝶阀的开、关	安装单位
21	热油循环	安装单位负责换流变压器的热油循环工作，并在工作期间检查换流变压器各部位是否有渗漏油现象	安装单位
		厂家应提供热油循环的工艺标准，并对热油循环期间发现的厂家问题及时进行处理	制造厂
		根据现场实际情况，如需采取低频加热措施，由安装单位联系加热装置厂家到场，厂家负责技术监督	安装单位
22	静置	厂家负责换流变压器本体静压密封试验，安装单位配	制造厂
23	换流变压器本体接地	制造厂负责提供换流变压器本体各连接法兰之间的接地材料，包括铁芯、夹件的接地引出线	制造厂
		安装单位负责按照厂家图纸对换流变压器各法兰进行跨接接地，并按设计图纸完成换流变压器本体、铁芯、夹件与主接地网的接地连接	安装单位
24	二次施工及本体调试	安装单位负责换流变压器就地汇控柜、控制柜的吊装就位，制造厂家确定就位的正确性。安装单位负责换流变压器本体二次接线及信号核对校验工作，负责冷却器风机、油泵的传动工作	安装单位
		厂家负责提供换流变压器设备自身的电缆及标牌、接线端子、槽盒、线号管（打印好线号）等附件，包括设备到机构、机构到汇控柜、汇控柜到 PLC 柜、汇控柜到在线监测柜等	制造厂

续表

序号	项目	内容	责任单位
24	二次施工及本体调试	厂家负责对其温度控制器内部相应参数进行调节并验证，如温度控制器内部可调节电阻等。厂家负责 PLC 柜程序的设定，且程序需满足设计、运检单位要求	制造厂
		厂家负责对有载开关的机械传动及挡位调节进行调试，调试完成后移交安装单位进行电动调试	制造厂
25	封堵工艺	安装单位负责阀侧套管非导磁材料大封堵的采购及封堵工艺	安装单位
		厂家负责阀侧套管周边柔性材料小封堵的采购及封堵工艺	制造厂
26	试验调试	安装单位负责换流变压器设备所有交接试验，并实时准确记录试验结果，比对出厂数据，及时整理试验报告	安装单位
		安装单位负责常规试验、冷却器控制逻辑验证	
		特殊试验单位负责进行特殊试验项目，安装单位根据合同内容配合，厂家负责安排试验人员到场参与试验	特殊试验单位
27	问题整改	在安装、调试过程中，制造厂负责处理不符合基建和运检要求（根据合同技术条款）的产品自身质量缺陷	制造厂
		在安装、调试过程中，安装单位负责处理因施工造成的不符合基建和运检要求的质量缺陷	安装单位
28	质量验收	在竣工验收时，安装单位负责牵头质量消缺工作，制造厂配合	安装单位
		验收产生的缺陷，由制造厂产品本身原因造成的，由制造厂负责整改闭环	制造厂

2.5 "安装准备"示例

换流变压器器安装前应落实开展安装的各项资源条件，准备好所需工具、设备和辅助材料。根据真空滤油机、真空机组、干燥空气发生器等设备的电源功率由安装单位提供合适的电源。起吊设备和移动工具如表 2-4 所示，滤油处理设备如表 2-5 所示，外部装配用工具如表 2-6 所示，焊接和气体切割如表 2-7 所示，消耗材料如表 2-8 所示。

表 2-4　　　　　　　　　　　起吊设备和移动工具

序号	工具名称	说明	数量	提供单位
1	汽车起重机	吊重 25t	1	安装单位
		吊重 16t	2	
2	钢丝吊绳	ϕ12mm×3m	4	安装单位
		ϕ20mm×6m	4	
		ϕ26mm×8m	4	

序号	工具名称	说明	数量	提供单位
3	U 形吊钩	穿轴直径 ϕ20mm	4	安装单位
4	吊环	M30	4	安装单位
		M20	4	
5	高强度尼龙吊绳	ϕ20mm×6m	4	安装单位
6	滑轮链	0.5t	1	安装单位
		5t	1	
7	纤维吊带	ϕ20mm×10m	2	安装单位
8	千斤顶	80t	4	安装单位

表 2-5   滤 油 处 理 设 备

序号	工具名称	说明	数量	提供单位
1	电缆	适用于所有电气设备	足量	安装单位
2	油罐	大于 15t	足量	安装单位
3	高真空滤油机	(1) 处理能力 12 000L/h。 (2) 处理温度 60~90℃。 (3) 含水量≤10mg/kg。 (4) 含气量≤0.5%	1	安装单位
4	真空机组	(1) 排气量≥4320m³/h。 (2) 极限真空度≤3Pa	1	安装单位
5	带法兰的金属波纹管	内径 100mm（抽空用）	10m	安装单位
		真空软管	70m	
		DN20 内径真空软管	10 根	
6	电阻真空计		1	安装单位
7	减压安全阀		1	安装单位
8	三通	本体及开关抽空用，法兰按管配	1	安装单位
9	电阻温度计	温度范围 0~150℃	1	安装单位
10	真空工装罐及 T 形接头	—	1 套	制造厂

注 电缆、油管、真空管的长度由安装单位确定。

表 2-6   外 部 装 配 用 工 具

序号	工具名称	说明	数量	提供单位
1	安全带	高空作业用	8	安装单位
2	安全带	安全用	8	安装单位
3	人字梯	2m 长	2	安装单位
4	单开口扳手	—		安装单位
5	双开口扳手	—		安装单位
6	L 形钩子	—		安装单位
7	木工锯	手工用锯	—	安装单位

◢ 特高压主设备厂家安装说明书编审要点（2022年版）

续表

序号	工具名称	说明	数量	提供单位
8	拔钉器	—	—	安装单位
9	钢锯架	手动型	—	安装单位
10	可调扳手	—	—	安装单位
11	刀	用于切断软管	—	安装单位
12	钳子	170mm 长度	—	安装单位
13	切金属钳	150mm	—	安装单位
14	水泵钳子	300mm	—	安装单位
15	螺丝刀	45mm×50mm、7mm×125mm、10mm×250mm	—	安装单位
16	螺丝刀（十字花）	—	—	安装单位
17	扒皮钳	线规格：0.5～5.5mm²	—	安装单位
18	测量尺	5m	1	安装单位
19	锤子	1镑	1	安装单位
20	锉（平）		1	安装单位
21	脚手架	3.5m 高	1	安装单位
22	凿子	22mm×220mm 长	1	安装单位
23	水平仪	300mm×50mm	1	安装单位
24	铅锤	250g		安装单位
25	电线	200V×50m（3 股）	1	安装单位
26	工具包			安装单位
27	压接导线钳	金属线尺寸：0.25～6.64mm²		安装单位
28	刮刀	清理法兰表面	1	安装单位
29	吸尘器		1	安装单位
30	管钳子	600mm	1	安装单位
31	户外灯	夜间工作用		安装单位
32	铁撬棍	拆卸用 1m 长		安装单位
33	力矩螺丝刀	1/4 英寸		安装单位
34	方头扳手	—		安装单位
35	防护雨衣	变压器内部工作用	4	安装单位
36	白色外罩	变压器内部工作用	6	安装单位
37	测露点仪表	在测量范围：－70～＋20℃	1	安装单位
38	锉组件	5件套	1	安装单位
39	容器	15L	1	安装单位
40	漏斗	油的重复使用	1	安装单位
41	荧光灯	变压器内部工作用	2	安装单位
42	螺丝刀		1	安装单位
43	套管吊具（阀、网）	换流变压器套管安装	各1套	制造厂

18

表2-7　　　　　　　　　　　　　焊接和气体切割

序号	工具名称	说明	数量	提供单位
1	带附件的弧焊机	焊接电流：400A 包括工作防护用面罩、手套、电焊围裙等工具	1	安装单位
2	喷灯、焊把	气体切割用	1	安装单位
3	喷灯嘴	喷嘴型号1.0	1	安装单位
4	氧气瓶	7000L	1	安装单位
5	乙炔瓶	15kg	1	安装单位
6	减压阀	氧气瓶、乙炔瓶用	1	安装单位
7	氧气、乙炔瓶扳手	氧气瓶、乙炔瓶	1	安装单位
8	连接胶管	用于氧气瓶、乙炔瓶	各15m	安装单位

表2-8　　　　　　　　　　　　　消 耗 材 料

序号	工具名称	说明	数量	提供单位
1	真空泵油	MR-100 或 MR-200（18L）	3	安装单位
2	真空泵润滑油	用于真空仪表（50g）	2	安装单位
3	表面涂漆		足量	
4	防腐漆		足量	
5	抹布	用于清理	30kg	安装单位
6	涂漆刷子	25mm	4	安装单位
7	空罐	1L装漆用	4	安装单位
8	砂纸	100 号	1	安装单位
9	金属刷（钢丝刷）		2	安装单位
10	焊锡	用于焊剂		安装单位
11	乙炔带	0.2mm厚、18mm宽	足量	安装单位
12	氮气		5	安装单位
13	溶剂	喷漆用	足量	安装单位
14	衣服、手套	安全用	24	安装单位
15	皮革防护手套	安全用	12	安装单位
16	气体引燃器	气体焊接设备用	1	安装单位
17	灭火器	型号 ABC20	2	安装单位
		型号 ABC10	2	安装单位
18	布带		足量	安装单位
19	白布	965mm宽、1000mm长	足量	安装单位
20	丙酮		足量	安装单位

2.6　"设备验收储存"示例

2.6.1　设备到货验收

（1）对安装冲撞记录仪的产品运抵现场后，轻轻取下保护罩，把冲撞记录仪电源关闭，拿出记录仪，填写时间，按操作程序读取记录数据，查验纵向、横向、垂直方向冲击是否超过规定，复印存档。对发生一般性冲撞的变压器，可按正常情况处理，产品器身可承受小于 3g 的冲击。但对发生一般性冲撞的产品，应加强对变压器内部和外部的检查，发现问题要妥善处理。对运输发生过事故的变压器，应根据检查结果，决定是否吊罩进行全面检查，必要时会同有关部门人员共同研究做出处理结论。

（2）外观检查：变压器在运输过程有无碰撞变形，外表面是否有漆膜脱落，充氮运输产品是否保持大于 10kPa 的压力，附件包装箱有无破损和失窃现象。对检查结果做好记录，若发现问题应立即与有关部门联系，共同查明原因，妥善处理。

（3）附件开箱检查：货到现场，用户与制造厂共同进行开箱验收。根据出厂文件一览表核对所提供的资料是否齐全；按照装箱清单检查变压器拆卸运输件是否齐全，出现问题及时解决。

（4）对用油罐运到现场的绝缘油进行验收：检查发运时的试验记录；检查运油罐的密封情况是否良好；进行油的击穿电压、介质损耗、含水、色谱分析的测试试验；用体积核算绝缘油的重量是否存在差异。发现问题，应及时与供油单位联系，协商解决办法。绝缘油运至现场用户应及时存入密封罐储存。

（5）产品验收移交后，由安装单位按照产品储存规定负责储存保管。

2.6.2　产品现场储存

（1）充氮储存：

1）变压器运输至安装现场后，箱底残油击穿电压＞45kV，含水量＜30mg/kg 且储存期在 2 个月以内的，可以按照充氮储存的方式进行。

2）充氮储存时，油箱内氮气应保持在 20～30kPa 的正压，补充的氮气纯度为 99.99％以上，露点应必须保证低于−40℃。

3）充氮储存时，每天要检查一次箱内氮气压力，当氮气压力低于 10kPa 时，要进行补加氮气。如果氮气压力下降的较快时，说明有非正常的渗漏，要及时找出渗透漏点并处理好，严防器身受潮。

（2）注油储存：

1）变压器运输至安装现场后，箱底残油击穿电压小于 45kV，含水量大于 30mg/kg 或储存期在 2 个月以上的，采用注油储存。

2）注油储存要安装上储油柜及其联管、吸湿器。注油前应将箱底残油放净，残油经处理合格后仍可注入油箱中。

3）注油前采用抽真空排氮。油箱内真空度达到 100Pa 以下，再连续抽真空 2h，从油箱下部注入合格的油，使油面调整到稍高于储油柜正常油面的位置并按储油柜使用说明书排出储油柜中的空气。

4）存放过程要经常巡查储油柜油面，如低于储油柜最低油面，应补充注入符合要求的变压器油，严防器身存放中受潮。

5）对充氮运输的升高座、储油柜等的检查、储存、排氮等可参照执行。

（3）拆卸零件的存放：

1）拆卸的零件，要放在库房中储存，不得有锈蚀和污秽，对于温度计、继电器、油泵、套管等电器元件和充氮运输的阀绝缘筒运输箱必须放在干燥、通风良好的库房中存放。

2）充氮运输的附件应注油排氮充油储存。

2.7 "安装前接口验收"示例

变压器运至现场前按照变压器外形图中的地基图检查地基是否正确。

2.8 "设备安装"示例

2.8.1 基本要求

（1）安装时的条件：雨、雾、雪和风沙天气，或者相对湿度大于65％时，不能进行检查。空气相对湿度在65％以下时，器身暴露在空气中的允许时间不超过10h（向油箱中吹入干燥空气）。

（2）当打开本体安装套管和连接内部引线时，要使用干燥空气发生器向本体内打入干燥空气。

（3）如果一天内套管的安装和内部引线的连接工作不能完成或安装中突遇降雨，需封好各盖板，使内部压力保持在20～30kPa范围。

（4）变压器内部安装时，只允许打开人孔。空气相对湿度在65％以下时器身暴露空气时间不得超过10h。

（5）变压器油应有很高的质量，滤油操作时要细致认真，因为它直接影响变压器的使用寿命。滤油工作必须避免雨天进行，而要在晴天相对湿度65％以下进行以确保质量，而且必须使用耐油软管。

（6）变压器内部安装时必须遵守以下规则：

1）为了顺利而且安全地安装变压器，只有厂家的工作人员才可以进入油箱内，人孔外边应有专人看护。

2）内检人员的随身携带的工具必须使用软绳系住扳手一端，另一端系在操作者的手腕上，以防扳手遗落在油箱内。

3）不得将螺丝、螺母、抹布等非产品件丢在油箱内。

4）不得将不必要的工具和其他物品带入油箱。

5）操作者要穿着整洁的防油工作服进入油箱。

6）应避免操作者的汗水滴落在油箱内。

7）通过记录工具、材料的数目等方法，避免安装工作完成后将工具、材料遗留在油箱内。

8）在油箱内作业过程中使用的灯具必须有保护罩，不准在箱内更换灯泡，移动灯具和其他工具时注意不要损伤器身绝缘。

（7）变压器就位于地基之后，应拆卸那些运输时起保护作用的装置，如压力表、阀门盖板等。拆卸上述装置时要小心谨慎，以免工具或螺钉落入油箱内。网侧首头引线和阀侧引线装配时要防止螺栓掉入油箱。套管安装前，要认真测量好阀侧和网侧的套管插入深度，对照图纸深度范围在公差之内，必要时做相应的调整，并认真做好记录，阀侧套管与阀侧升高座对应依次安装。

（8）密封圈安装：

1）应保持密封圈表面清洁，安装密封圈前，密封圈安装部位的表面要去油污和其他杂质，保持表面清洁，然后涂上无水凡士林。

2）紧固螺栓应均匀紧固，对于没有密封圈槽的密封面，密封圈应紧固至大约2/3密封圈的厚度。

3）对存放的密封圈，应注意不受损伤，不能让油或其他杂质粘在密封圈表面。此外，不要用重物压在密封圈上。

4）用于运输的密封圈现场更换。

2.8.2　器身受潮检查

（1）检查本体存放过程中是否受潮。本体充氮的产品，箱内氮气压力为正压时，首先化验箱底残油，应保证残油击穿电压>45kV，含水量<30mg/kg。

（2）本体充油的产品，检测各线圈之间及线圈对地之间以下试验参数，如不符合以下指标，表明器身受潮，产品不能投入安装运行，由制造厂出具处理方案后进行处理。

1）绝缘电阻 R_{60}：≥出厂值的70%（5000V绝缘电阻表）。

2）吸收比 R_{60}/R_{15}：≥出厂值的70%且不低于1.3（5000V绝缘电阻表）。

3）介质损耗因数 $\tan\delta$：≤出厂值的130%（同温度值）。

4）铁芯对地绝缘：≥出厂值的70%（2500V绝缘电阻表）。

5）夹件对地绝缘：≥出厂值的70%（2500V绝缘电阻表）。

2.8.3　内部检查

（1）对换流变压器的内部检查要由制造厂专业人员进入，制造厂人员不在场不允许内检。

（2）在对变压器内部检查前，要配好油路和抽空管路，管件用不镀锌的无缝钢管，管内部要进行除锈并涂耐变压器油漆处理，使用时用热变压器油冲洗。

（3）检查器身时的条件：雨、雾、雪和风沙天气，或者相对湿度大于65%时，不能进行检查。空气相对湿度在65%以下时，器身暴露在空气中的允许时间不超过10h（向油箱中吹入干燥空气）。

（4）本体充氮的产品，首先打开箱盖上的盖板，再由油箱下部的阀门进行抽真空注入干燥空气的方式进行排氮，充入的干燥空气（露点为$-40℃$）防止器身受潮，充入的干燥空气的压力为$20\sim30\mathrm{kPa}$，在厂房内排氮时，注意通风以防发生人员窒息事故。

（5）本体充油的产品，首先打开箱盖上的盖板，再由油箱下部的阀门放油，放油同时以$0.7\sim3\mathrm{m}^3/\mathrm{min}$的流量向箱内充以干燥空气（露点为$-40℃$）防止器身受潮，充入的干燥空气的压力为$20\sim30\mathrm{kPa}$。

（6）人员进入检查过程中，不断向油箱内部充入干燥空气且必须有专人进行看护。箱盖和侧壁上的大法兰孔进行适当遮挡，防止灰尘落入油箱中。

（7）内检过程中，使用的灯具必须有保护罩，不准在箱内更换灯泡，移动灯具和其他工具时注意不要损伤器身绝缘。

（8）检查时，不允许将梯子搭在器身、引线上；对于包有绝缘的引线不允许弯折、移位。

（9）检查人员的衣、鞋、帽必须干净整洁，穿戴专用连体服。所用工具要有严格登记、清点记录，严防遗忘在油箱中。

（10）器身检查内容：

1）首先拆除油箱上氮气监视装置。

2）所有紧固件（金属和非金属）是否有松动（引线纸板夹持件、屏蔽管夹持处、夹件上梁、两端横梁、铁轭拉带、开关支架等处螺栓），如有松动或脱落，应当复位、拧紧。

3）调压引线、网侧首头和阀侧出线装置的夹持、捆绑、支撑与绝缘的包扎是否良好，如有移位、倾斜、松散等情况应当复位固定、重新包扎。

4）开关的传动、接触是否良好（检查方式见开关使用说明书）。如出现倾斜、位移的故障应查明原因予以解决。

5）如器身出现位移时，应检查其他绝缘是否有损伤；引线与套管、开关与操动杆的正常安装位置有无影响，有关的电气距离能否保证。

6）用$2500\mathrm{V}$和$500\mathrm{V}$绝缘电阻表分别检测铁芯与夹件的对地绝缘是否良好，铁芯是否一点可靠接地。

7）检查完毕后，清理箱底。

2.8.4　冷却器的安装

（1）将冷却器上、下部联管安装到变压器本体上，参见冷却器联管配装图纸。安装前需将联管上盖板拆下，将端口的油用干净的布擦拭干净。

（2）小心地拆开冷却器的包装箱。

（3）吊车在合适的位置起吊冷却器。

（4）从包装箱内取出冷却器，并把它放在垫有木板的地面上。地面上应垫上木板，冷却器端部（有放油塞的一端）要垫上胶皮，防止冷却器起立时与地面磕碰而损伤。

（5）检查冷却器是否在运输过程中有损坏。

（6）用吊钩挂住冷却器上端的吊环，缓慢将冷却器立起。

（7）打开冷却器下部放油塞，放掉冷却器内部残油，后拧紧放油塞。

（8）将冷却器安装到支架上，紧固好螺栓后再撒掉吊绳。有序地紧固冷却器上、下法兰连接，确定在密封处达到密封效果为止。在法兰连接处，螺栓不能偏斜，否则不能紧固螺栓。连接好接地电缆。

（9）安装时不要损坏二次电缆。

2.8.5　网侧升高座的安装

（1）打开包装检查网侧升高座表面有无损伤。

（2）将吊带固定在上法兰的吊孔上，用吊绳将网侧升高座吊至平整的地面上（地面要铺上干净的塑料布或木板），放掉网侧升高座内的氮气，将网侧升高座下部的盖板拆下。测量并调整网出线装置位于网侧升高座法兰的中心，并紧固绝缘螺栓。

（3）用紧缩布带分别与网出头和等位线临时绑扎，将网侧升高座吊至箱盖相应法兰处缓缓落下，距升高座法兰附近后，把白布带穿过网侧升高座出线装置，把网出头和等位线拉至网侧升高座上部，并把网侧升高座的孔和箱盖上的法兰孔对准，穿入螺栓并拧紧。测量并调整出线装置高出法兰盘的尺寸符合图纸要求。

（4）取下吊带、吊环，安装电流互感器 TA 升高座。

2.8.6　网侧套管的安装及内部接线

（1）套管在复装前应测量性能指标，测量前应将套管存放 24h 以上。检查网侧和中性点套管中的油面是否合适，运行时应定期观察套管油位的变化，及时合理调整。

（2）按照套管安装使用说明书要求安装套管吊具，松开顶部的导杆固定螺栓。

（3）拆卸套管尾部的接线端子和下导杆安装于网出线装置的屏蔽环上，并将网出头和等位线安装于出线绝缘上的接线板处。

（4）穿入软绳，垂直起吊套管用软绳做引导，使拉杆就位。随着套管的就位，放低导杆使其与下节导杆按照力矩要求连接好，套管降至底部后紧固套管和升高座法兰螺栓。按照套管安装说明书要求的力矩紧固套管头部导杆固定螺栓。

2.8.7　阀侧升高座的安装

（1）打开包装检查升高座表面有无损伤，松开运输座的固定螺栓。

（2）将导体底部圆柱体接线端子底端和斜面涂抹无水凡士林，在安装阀侧升高座前安装于均压球内，并和引线连接好。将套管下部导杆安装于接线端子上。用 PVR 管串在导杆上。

（3）将吊带固定在吊孔上，吊离运输座后用倒链调整角度，用角度测量仪测量符合图纸要求。缓慢吊至油箱法兰处，用 PPR 管（直径大于 16mm）引导将升高座对准油箱法兰盘，从人孔进入密切注意阀出线装置纸筒和阀出头均压球的位置，防止磕碰。对准法兰孔，穿入螺栓并拧紧。

（4）观察阀侧出线装置和阀出线均压环的位置，使均压环位于阀侧出线装置纸筒的中心。

（5）安装时注意标识，防止装错位置。

2.8.8 阀侧套管的安装及内部接线

（1）套管在复装前应测量性能指标，阀侧套管见套管使用说明书。

（2）开箱，吊带通过阀侧套管的运输筒及运输帽将阀侧套管从包装箱内吊出，放置在地面的工装架上。

（3）将套管尾部运输筒内的变压器油抽出。为了能更好地排油，需将套管来回倾斜。首先顶端稍高于法兰位置，之后顶端慢慢地降低位置低于法兰位置。

（4）按照阀侧套管的安装使用说明书的要求排油，拆开阀侧套管的头部运输盖板，拆开保护帽，用 24mm 套筒扳手松开紧固螺母。

（5）把专用吊具变径螺杆及软吊绳拧紧在套管内的导杆上，安装专用吊具。

（6）起吊阀侧套管时，用两根吊绳分别挂在套管中部和头部的吊具上，吊绳经过手拉葫芦（5t 以上）挂在吊车吊钩上，套管吊起后，用手拉葫芦调整套管角度。吊绳与套管夹角大于 30°。

（7）拆卸阀侧套管下部的运输筒（注意预先把阀侧套管法兰处吊具的螺栓在安装吊具前拆卸下来，再安装吊具，否则无法拆卸螺栓），用工装托住运输筒后，拆卸连接螺栓，使用角度测量仪测得阀侧套管升高座角度，使用手拉葫芦调整阀侧套管的安装角度与所测得阀侧套管升高座角度一致。

（8）吊装阀侧套管到达升高座附近后，连接阀侧套管内的导杆与升高座内的导杆，进行紧固，用乐泰 243 胶锁固。套管就位过程中注意套管和阀侧出线法兰的位置，防止磕碰。

（9）阀侧套管安装到位后，锁住阀侧套管头部的导杆（使用阀侧套管安装专用工具），并保证导杆端部伸出标位 15mm 以上，安装阀侧套管的法兰螺栓，安装阀侧套管的头部固定法兰，拆卸阀侧套管吊具，使用液压拉紧工装或力矩扳手将导电杆安装到位。

（10）在换流变压器真空注油过程中，变压器油将通过阀侧套管的施压阀进入阀侧套管，阀侧套管的最小油位达到储油柜的最低油位。

（11）试验前，阀侧套管充入 SF_6 气体。充气前需将管路用 SF_6 气体冲刷一遍将管路中的空气排净，再用 SF_6 气体给阀侧套管充气，阀侧套管所充 SF_6 压力及操作方法见套管使用说明书。

2.8.9 中性点套管的安装及接线

将中性点升高座平放，将中性点套管装于升高座，起吊升高座，按照穿缆式套管安装工艺安装接线。

2.8.10 储油柜及联管的安装

（1）储油柜及联管的安装见联管装配图。为缩短暴露时间，开始抽真空后安装。从变压器通向继电器再通向储油柜的联管必须保证图纸规定的倾斜度。这样可以避免气体继电器在油中生成气体时误动作。气体继电器必须水平放置。联管和附件到导电体的距离必须符合图纸给定的最小距离。

（2）如果有例外管子需要焊接，必须无油。管子两端必须敞开防止火灾发生。焊接要在指定的安全的地方进行，灭火器要时刻放在附近。镀锌的表面用砂纸砂出金属光泽。被焊接损坏的内表漆用耐油的清漆修补上。

2.8.11 二次线的安装

二次线部分在厂内已预装完毕，附件安装结束后，按标记将二次线装配好并安装好桥架进行现场调试（控制箱内有二次原理图）。

2.8.12 其他安装

（1）其他附件如压力释放阀、温度计、气体继电器等按照相关使用说明书的要求安装。

（2）在运输和安装期间表漆的损伤是不可避免的。装配工作结束后，所有损坏的地方进行补漆。

2.9 "真空注油、热油循环及静放"示例

2.9.1 抽真空

（1）抽真空及注油最好在无雨和无雾、湿度小于 75% 的天气进行。如抽真空及注油时湿度大于 75%，则延长真空保持时间或热油循环时间 24h。

（2）换流变压器各处阀门在各种状态下的开关状态请参见所附阀铭牌图，储油柜在抽真空和真空注油时按使用说明书。

（3）抽空前关闭开关滤油机阀门，打开其他所有组、部件与变压器本体的连接阀门。

（4）检查真空泵、真空管路及变压器各处阀门状态及各密封面，确认无误后，启动真空机组，待真空机组运转正常后，打开真空机组的真空阀门，开始对变压器本体、冷却器及开关进行抽真空。在抽真空的最初 1h，当本体内残压降到 20kPa 时，检查各部位，如无异常情况，可继续提高真空度至残压≤66Pa 且保持 60h 以上，才可开始真空注油。

（5）在抽真空过程中，真空度上升缓慢或压力泄漏大于 13.5Pa/h 时，说明可能有泄漏，应检查有关管路和变压器上各组件安装部位的密封处，若发现渗漏要及时处理。

2.9.2 真空注油

（1）产品在真空注油前，将使用的油经高真空滤油机进行脱水、脱气和过滤处理合格。

（2）油的绝缘强度应符合以下标准：击穿电压≥65kV、含水量≤10mg/kg、含气量≤1%、介质损耗因数 tanδ%（90℃）≤0.5%、色谱分析不含乙炔，颗粒度：大于 5μm 的颗粒不多于 2000 个/100mL，无 100μm 以上颗粒。

（3）储油柜在真空注油时按使用说明书关闭开关滤油机阀门，打开其他所有组、部件与变压器本体的连接阀门。

（4）注入产品的油速应控制在 3000～5000L/h，油温控制在（65±5）℃，注油至储油柜油位表位置停止注油，产品开始热油循环。

2.9.3 热油循环

（1）为消除安装过程中器身绝缘表面的受潮，必须进行热油循环。

（2）热油循环前对油管抽真空，采用滤油机对产品进行长轴对角热油循环。滤油机出口油温设定为（65±5）℃。

（3）油箱中油温维持在 50～60℃，达到此温度后，循环时间要同时不少于下述两条规定：循环时间达到 72h 且总循环油量达到产品油量的 3～4 倍。

（4）热油循环时间上必须符合上述要求外，其判定标准是油质在循环结束时，取样化验，满足如下规定的标准：击穿电压≥65kV（标准油杯试验），含水量≤10mg/kg 含气量≤1%，介质损耗因数 tanδ%（90℃）≤0.5%，大于 5μm 的颗粒不多于 2000 个/100mL，无 100μm 以上颗粒。否则仍应继续热油循环，直至达到以上规定的标准为止。

（5）通过储油柜注放油管注入合格油，至符合当前油温对应的油位。

2.9.4 静放

产品静放 96h 以上，静置过程中每隔 12h 打开套管、升高座、冷却器及联管、联气管、开关等上部的放气塞进行放气，待油溢出时关闭塞子。

2.9.5 整体密封检查

本体连同气体继电器及储油柜等附件一起进行油压试漏，通过氮气减压器减压后将氮气充入储油柜胶囊内，至油箱底部压力达到 90kPa，保持 24h 无渗、漏油为合格。

2.10 "安装后检查及试验"示例

2.10.1 安装后的检查

（1）检查分接开关的指示位置，两个开关是否一致，转动是否灵活，有载开关油室中是否注满油。检查有载开关的电动操动机构指示位置与分接位置是否一致。检查远程显示装置挡位是否准确。检查分接选择器上的接线是否松动，应加强紧固。有载开关只有在手动检查确认无误后才能进行电动操作。

（2）气体继电器、冷却器上下联管及油箱管接头处的阀门是否处于开启位置。

（3）气体继电器箭头应指向储油柜，整定信号和动作限值，检测气体继电器是否动作可靠。

（4）根据油温和油面曲线调整储油柜的标准油面，检查油位表动作是否灵活，还要防止油面高度不符合要求。检查储油柜呼吸器是否畅通。

（5）套管型电流互感器二次侧不带负荷的是否已短接，不允许二次侧开路运行。

（6）风冷却器的吹风装置、控制系统是否无误，检查所有的油泵、油流和风扇是否按定义方向旋转，油流的指针是否在规定的位置。

（7）运行前将压力释放阀下的阀门打开，将标杆上压帽内的金属片去除。检查动作接点和复位情况是否灵活。

（8）变压器温度计安装温包时，必须将温度计座内注满变压器油，对绕组温度计、油面温度计按设计技术参数要求，整定信号和动作限值。

（9）检查铁芯、夹件为一点可靠接地，变压器本体可靠接地。

（10）变压器在现场试验及投运时，如当天最低环境温度低于−25℃或油面温度低于0℃，应先进行热油循环或空载运行提高油温，以保障变压器的安全。

2.10.2 安装后的试验

（1）测量绕组的绝缘电阻 R_{60}、吸收比 R_{60}/R_{15} 和介质损耗因数 $\tan\delta$。

1）测量按规定选择绝缘电阻表，应在良好天气时进行。被试品和环境的温度高于5℃且低于50℃，空气相对湿度小于80%。开始测量前，应将被试线圈接地进行放电，至少5min。

2）检测绝缘电阻 R_{60} 是指60s时的读数。折算到20℃，对于500kV级换流变压器不应小于1000MΩ。与出厂值比较，在相同温度下，不应低于出厂值的70%。

3）吸收比 R_{60}/R_{15}。在10～40℃温度下的测量值，可不进行温度折算。一般不应小于1.3。当 R_{60}/R_{15} 绝对值很大，而吸收比<1.3时，要进行综合分析，不能简单地分析受潮。

4）测量 $\tan\delta$ 使用高压西林电桥或其他专用测量仪器，测试温度在10～40℃进行，应根据测量要求选择合适接线方式。例如，测量绕组连同套管的 $\tan\delta$，只能用反接法；测量套管单独的 $\tan\delta$，则应该用正接法。实测的 $\tan\delta$ 值应首先与出厂试验值比较，不应大于出厂值的130%。

（2）绕组电阻测量。

1）测量直流电阻应在所有分接上进行。要求相间互差（取三个互差中最大的一个）不大于三相平均值的2%。对绕组电阻测量，产品均满足国家标准要求。绕组电阻测量值 R_t，由不同温度下电阻值（75℃为参考温度）的换算公式如下

$$R_{75}\,(T+t)=R_t\,(T+75)$$

式中 R_{75}——环境温度为 75℃时直流电阻值，Ω；

$\qquad$ R_t——环境温度为 t℃时直流电阻值，Ω；

$\qquad$ T——导线材料温度系数，铜为 235；

$\qquad$ t——绕组环境温度，℃。

2）对于有分接开关的绕组，不同分接之间的直流电阻差值，对判断分接开关的接触情况有所帮助。因此，测出各分接位置的直流电阻后，应计算出它们的差值。差值波动范围应处于测量误差的范围内，如果误差太大，应进行重测。

（3）电压比测量。校验绕组电压比应使用有足够分辨率的变比电桥。运到现场的变压器，电压比一般不会发生变化。因此测量出电压比与出厂试验值不符时，应检查测试方法的正确性。电压比的偏差，对于额定分接位置不大于±0.5%，其他分接位置不大于±1%。偏差在这个范围内，与出厂试验值的差别也不会大。

（4）控制回路检测。二次线路安装完毕后，对变压器冷却系统和控制回路进行检测，将高、低油温节点短接，或将过负荷电流继电器节点短接，通电后若风机能投入运行，认为线路正常。

（5）空载试验。变压器应由电源侧接入电压后，由零点缓慢上升至额定电压，保持 30min，此时可测量空载损耗和空载电流与出厂值比较。试验前将气体继电器的信号接点改接至跳闸回路，过电流保护时限整定为瞬时动作。然后由变压器电源侧接入电源，当出现异常情况时，迅速切断电源。

（6）空载冲击合闸试验。空载冲击合闸电压为系统额定电压，宜于高压侧投入、合闸次数最多为 5 次。该项试验是考验变压器冲击合闸时产生的励磁涌流，是否会使继电保护产生误动作。试验时应监视继电保护的动作情况。在冲击时，第一次合闸后，带电时间宜于 30min，以便检查变压器内部有无异常声音，并观察是否有其他不正常现象。为了听清声音，在油温不超过 75℃的条件下，允许不开冷却器的风扇和油泵。第二次合闸后，每次间隔时间可缩短为 5~10min。在合闸阶段（包括第一次），如果电压值一次达到系统最高工作电压时，可不再进行冲击合闸试验，视为合格。假如冲击合闸 5 次均未出现最大值时，也视为合格。冲击试验保护断路器合闸时，三相同步时差应小于 0.01s。中性点接地系统的变压器，进行冲击合闸试验时中性点必须接地。

（7）整定保护试验。完成上述试验后，将气体继电器的信号复原至报警回路，跳闸触点复原至跳闸回路，复原改接的触点，试验保护装置整定值，以便有效的保护变压器。

（8）按相关标准及合同或双方技术协议规定进行其他一般测试项目的试验。

（9）系统调试需要变压器进行其他高压试验时，应另行协商确定。

2.11 "运行"示例

（1）变压器投入运行时应注意的事项和运行后的初始几周内，维护人员应多检查几次，需要细心查看变压器投入运行的一些情况：

1）检查储油柜油位指示的数值，应与温度计所示的温度相符。储油柜的指针式油表都应将油面指示确定在规定的范围内，如有出入应及时调整。

2）监视油顶层温度及绕组温度计是否正常。检查强油风冷却系统风扇及油泵有无反常噪声，油流继电器表针是否有不正常的颤动，发现问题，应及时处理。

3）变压器运行初期，应加强预防性油样化验与色谱分析，若运行三个月结果都正常，再按常规运行监视。

（2）变压器运行中，检测铁芯接地情况，可用环型电流表测接地电流小于 100mA 即可。

（3）储油柜的维护检查吸湿器内硅胶，其材料为"变色硅胶"，在干燥时是橙色，表面为半透明玻璃状。硅胶受潮后，表面显绿色，当有 70％硅胶呈绿色就需要更换硅胶，并在罩内注入合格的变压器油至标记油面线，以阻止空气直接进入呼吸器。受潮硅胶可装在一个盘中，放入 110℃烘箱中加热干燥后再用，但使用时应筛掉其中的粉末。

（4）冷却系统运行及维护。

1）强油导向风冷（ODAF）系统应备有两路独立电源供电，一路出现故障，另一路自动投入供电。当两路电源故障切除全部冷却器时，在额定负载下允许运行 20min。当油面温度尚未达到 75℃时，允许上升到 75℃，但切除冷却器后的最长运行时间不得超过 1h。

2）变压器运行受环境温度影响。一般情况下，对冷却系统的启、停，用户可按变压器的常规油面温升控制，但应注意油面温升越高变压器寿命越短。变压器在低负荷运行时，主控制箱可根据负荷情况自动启动或停止冷却器数量。

（5）有载分接开关的运行监视及维护。

1）有载分接开关应记录电机驱动器的操作次数及初始检查的最大最小分接位置，最后设置最大、最小指示。检查电机驱动器齿轮箱的油位及油位计的位置是否正确。

2）有载分接开关在额定电流下操作 1000 次后，对切换开关绝缘筒内油的污损程度应进行一次油样化验，油的耐压值不应低于 30kV，当耐压值低于 30kV 时须更换新油。

3）切换开关室内的油在多次切换后碳化，耐压下降，即使油的耐压超过 30kV，每年也应更换一次新油，换油时抽尽污油后，再用干净油冲洗切换开关及绝缘筒等，并再次抽尽冲洗的油，然后注满干净的新油。

4）有载分接开关在长期工作中，只有切换开关需要定期检修，时间间隔是工作电流≤900A，操作次数达到 50 000 次及工作电流为 1200A，操作次数达到 45 000 次。为了提高工作可靠性，分接开关工作五年之后，即使所指示操作次数未达到也需要进行检修。

（6）套管维护。

1）套管密封是获得耐久寿命的关键。用户在安装、维护中所动的密封结构位置，应仔细恢复到原来的密封状态。

2）套管外绝缘瓷件应根据变压器的使用环境和运行条件定期清理干净。

（7）对变压器油的维护和运行监视。

1）保证使用的盛油器、导油管及净油机等所有设备的洁净及耐油。上述用具不要与不同厂家、不同牌号的变压器油混用。

2）对变压器投运三个月后，提取油样并注意避免污染油样，测试结果应满足：击穿电压≥50kV，含水量≤10mg/L，含气量≤3%运行初期油质如下降很快，则应分析原因，采取处理措施。

（8）运行中其他监测项目应按变压器运行规程运行。

（9）正常运行及监视维护应按本说明书、组件说明书、有关标准、导则和规程进行。

3 1000kV 电力变压器、 电抗器安装说明书编审要点

3.1 编审基本要求

3.1.1 应包含的主要内容

（1）编制依据。

（2）适用范围。

（3）设备概况。

（4）设备运输装卸。

（5）安装流程及职责划分。

（6）安装准备。

（7）设备验收储存。

（8）安装前接口验收。

（9）设备安装。

（10）真空注油、热油循环及静放。

（11）安装后检查及试验。

（12）运行。

3.1.2 编审要点

3.1.2.1 编制依据

编制依据应为国家、行业、企业最新的规程规范要求，应包含《国家电网有限公司十八项电网重大反事故措施（2018 年修订版）》、招标技术文件及厂家规范性文件等。

3.1.2.2 适用范围

应明确安装说明书适用的设备型号及所属工程，不应采用厂家通用安装说明书（作业指导书）直接用于具体工程。

3.1.2.3 设备概况

应描述设备的基本组成，重要技术参数、指标，针对具体工程的设备技术方案等。

3.1.2.4 设备运输装卸

应描述变压器、电抗器起吊、顶升、运输等技术要求。

3.1.2.5 安装流程及职责划分

应明确1000kV变压器、电抗器安装的主要工艺流程，以流程图表示。明确厂家与安装单位的分工界面，分工界面应符合招标文件相关要求，需对分工界面进行调整或进一步细化的，应在安装说明书编制审查过程中明确。

3.1.2.6 安装准备

明确安装所需的设备、工器具及材料。

3.1.2.7 设备验收储存

（1）到货验收。

1）标识：阀门应有开关位置指示标识，在开和关的状态下均应有限位功能。

2）组部件：产品与技术规范书或技术协议中关于厂家、型号、规格等描述一致，产品外观检查良好。

3）铭牌：主铭牌、油温油位曲线、调压变压器标识牌完整准确。

4）资料：安装使用说明书、试验报告齐全。

（2）绝缘油验收。

1）油中水分含量，330～1000kV：≤15mg/L；220kV：≤25mg/L；110kV及以下：≤35mg/L。

2）残油击穿电压，750～1000kV：≥60kV，500kV：≥50kV，330kV：≥45kV，66～220kV：≥35kV，35kV及以下：≥30kV。

（3）检查本体及出线装置三维冲击记录仪在运输及就位过程中受到的冲击值符合制造厂规定或小于3g。

（4）现场保存，气体压力常温下0.01～0.03MPa，并每日进行记录。

3.1.2.8 安装前接口验收

就位位置应严格校核，预埋件位置符合图纸要求，牢固可靠。根据主变压器尺寸，在基础上画出中心线，要求中心位移≤5mm，水平度误差≤2mm，基础平台高低误差≤±3mm。

3.1.2.9 设备安装

应对变压器安装中安全环境条件、器身暴露空气中的时间、内检、附件安装、套管安装等工艺要求进行详细描述，对与技术规范、标准工艺存在差异的工艺要求应列明差异情况。

（1）器身检查和接线。

1）凡雨、雪天，沙尘天气，风力达4级以上，相对湿度75%以上的天气，不得进行器身检查。

2）器身检查和接线时所有工器具应登记并由专人负责，避免工器具遗留在箱体内。

3）在没有排氮前，任何人不得进入油箱。内部检查应向箱体持续注入露点低于-40℃的干燥空气，保持内部微正压，且确保含氧量在19.5%～23.5%，相对湿度不应大于20%。补充干燥空气的速率应符合产品技术文件要求。

4）变压器器身各部件无移动，各部件外观无损伤、变形；绝缘螺栓及垫块齐全无损坏，且防松措施可靠；绕组固定牢固，绕组及引出线绝缘层完整、包缠牢固紧密。

（2）附件安装。

1）安装附件需要变压器本体露空时，环境相对湿度应小于 80%，在安装过程中应向箱体内持续补充露点低于−40℃的干燥空气。

2）每次只打开一处，并用塑料薄膜覆盖，连续露空时间不超过 8h，累计露空时间不超过 24h，场地四周应清洁，并有防尘措施。

3）气体继电器、温度计、压力释放阀经校验合格。

3.1.2.10　真空注油、热油循环及静放

应对变压器安装中抽真空、真空注油、热油循环、静置、排气等工艺要求进行详细描述，对与技术规范、标准工艺存在差异的工艺要求应列明差异情况。

（1）抽真空处理。

1）变压器抽真空不应在雨雾天进行，抽真空时应打开散热器管路、储油柜联管阀门，接通变压器本体与调压开关油箱旁通管。

2）抽真空前应将不能承受真空下机械强度的附件与油箱隔离，对允许抽同样真空度的部件应同时抽真空。真空泵或真空机组应有防止突然停止或因误操作而引起真空泵油倒灌的措施。

3）220kV 及以上的变压器、电抗器应进行真空处理，当油箱内真空度达到 200Pa 以下时，应关闭真空机组出口阀门，测量系统泄漏率，测量时间应为 30min，泄漏率应符合产品技术文件的要求。

4）1000kV 变压器、电抗器真空残压和持续抽真空时间应符合产品技术文件要求，当无规定时应满足下列要求：真空残压≤13Pa 的持续抽真空时间不得少于 48h；真空残压≤13Pa，累计抽真空时间不得少于 60h；计算累计时间时，抽真空间断次数不超过 2 次，间断时间不超过 1h（注　220～500kV 变压器的真空度不应大于 133Pa，750kV 变压器的真空度不应大于 13Pa；真空保持时间：500kV 变压器不小于 24h，750kV 变压器不小于 48h）。

（2）真空注油。

1）变压器新油应由生产厂提供新油无腐蚀性硫、结构簇、糠醛及油中颗粒度报告。对 500kV 及以上的变压器还应提供 T501（抗氧化剂）等检测报告。变压器绝缘油应符合 GB 50150—2016《电气装置安装工程 电气设备交接试验标准》的有关规定。

2）真空残压和持续抽真空时间应满足产品技术文件要求。

3）220kV 及以上的变压器应真空注油。注入油全过程应保持真空。注油的油温应高于器身温度。注油速度不大于 100L/min。

4）不同牌号的绝缘油或同牌号的新油与运行过的油混合使用前，必须做混油试验。

5）注入油温应高于器身温度。

6）注油过程应符合产品技术文件的规定，当产品技术文件无规定时应符合下列要求：注油速度不超过 $6m^3/h$，注油温度控制在（65 ± 5）℃，直到油面达到顶盖下 $100\sim200mm$ 时，关闭主体油箱上部的真空阀门并将注油速度调整至 $2\sim3m^3/h$，继续注油至储油柜标准液位后停止注油。

7）油位指示应符合"油温—油位曲线"。

8）热油循环时间应符合产品技术文件的规定，当产品技术文件无规定时应符合下列要求：变压器出口油温达到（60 ± 5）℃开始计时，循环时间要不少于 48h，总循环油量达到产品油量的 3 倍以上。

9）变压器本体及各侧绕组，滤油机及油管道应可靠接地。

（3）热油循环：

1）应进行热油循环。热油循环前，应对油管抽真空，将油管中的空气抽干净，同时冷却器中的油应参与进行热油循环。热油循环时间不应少于 48h，且热油循环油量不应少于 3 倍变压器总油量，或符合产品技术文件规定。

2）热油循环过程中，滤油机加热脱水缸中的温度应控制在 $60\sim70$℃范围内，且油箱内温度不低于 40℃。当环境温度全天平均低于 15℃时，应对油箱采取保温措施。

（4）静置。1000kV 变压器注油完毕施加电压前静置时间不应小于 120h（注 220kV 变压器不小于 48h，500kV 及 750kV 变压器不小于 72h）。

3.1.2.11 安装后检查及试验

（1）对变压器、散热器连同气体继电器、储油柜一起进行密封性试验，在油箱顶部加压 0.03MPa 氮气或干燥空气，持续时间 24h 应无渗漏。当产品技术文件有要求时，应按其要求进行。

（2）耐压、局部放电等试验应符合 GB 50150—2016、GB/T 50832—2013《1000kV 系统电气装置安装工程电气设备交接试验标准》的要求。

3.1.2.12 运行

应明确设备运行后，特别是调试、试运行及运行初期，应关注的主要设备状态及油指标。针对可能出现的异常情况，应明确具体检查处理方式。

3.1.3 有关技术要求

（1）充气运输的变压器应密切监视气体压力，压力低于 0.01MPa 时要补干燥气体，现场充气保存时间不应超过 3 个月，否则应注油保存，并装上储油柜。

（2）变压器新油应由生产厂家提供新油无腐蚀性硫、结构簇、糠醛及油中颗粒度报告。对 500kV 及以上电压等级的变压器还应提供 T501 等检测报告。

（3）当变压器油温低于 5℃时，不宜进行变压器绝缘试验，如需试验应对变压器进行加温（如热油循环等）。

3.1.4 其他要求

厂家安装说明书还应满足招标文件规定的技术工艺指标、智慧安装、数字化、新技术应用及现场服务等方面的要求。

设备厂家应在现场安装中应提供油浸主设备安装监控所需硬件，主要包括监控装置、传感器及接口工装等，油浸主设备安装监控应具备绝缘油过滤（若需）、内检、抽真空、真空注油、热油循环等作业在线监控功能，满足主设备智慧安装需要。

3.1.4.1　绝缘油过滤监控技术要求

（1）实时监测绝缘油过滤过程中油流速、流量、油温、颗粒度、含气量、含水量等数据指标，获取滤油机运行状态信息。

（2）应具备控制输油管路阀门自动开闭、监测油罐液位、判定当前油罐绝缘油过滤进程等功能，可实现自动滤油一键式操作。从安全和防误操作角度考虑，应在自动滤油过程中实现阀门间的连锁、互锁。

（3）针对阀门拒动、勿动，油指标异常，油位越限等情况应及时发出告警信息。

> 注　该功能根据建设方实际需求选用，如需实现本功能，电气安装单位需在现场搭建全密封滤油系统，在输油管路配置气动/电动阀门，在油罐配置电子液位计，相关控制回路、信号回路接入监控装置。

3.1.4.2　内检作业监控技术要求

（1）实时监测内检作业过程中油浸设备内部含氧量、露点、压力、真空度等数据指标，对设备内部持续露空时间进行自动计时。

（2）获取真空机组、干燥空气发生器等设备运行状态信息，获取外部天气数据，当天气情况不满足露空作业要求时，应发出预警提醒。

（3）自动判定相关工艺要求是否达标，对不满足工艺要求及其他异常情况及时告警提醒。

2.1.4.3　抽真空作业监控技术要求

（1）实时监测抽真空作业过程设备内部露点、真空度等数据指标，获取真空机组运行状态信息。

（2）可自动计算真空泄漏率，判定结果是否合格。

（3）自动判定相关工艺要求是否达标，对不满足工艺要求及其他异常情况进行告警提醒。

3.1.4.4　真空注油作业监控技术要求

（1）实时监测真空注油作业过程中油流速、流量、油温、颗粒度、含气量、含水量等指标，获取滤油机、真空机组运行状态信息。

（2）如现场具备全自动滤油功能，应实现与滤油区联动控制，在注油过程中自动切换油罐，具备一键自动注油功能。

（3）自动判定相关工艺要求是否达标，对不满足工艺要求及其他异常情况进行告警提醒。

3.1.4.5　热油循环作业监控技术要求

（1）实时监测热油循环作业过程中油流速、流量、入口油温、出口油温、颗粒度、含气量、含水量等指标，获取滤油机运行状态数据信息。

（2）应自动判定循环油温是否达到计时条件，自动计时。

（3）自动判定相关工艺要求是否达标，对不满足工艺要求及其他异常情况进行告警提醒。

3.1.4.6　其他技术要求

（1）主要工艺数据指标的监测精度不应低于表3-1要求。

表3-1　　　　　　　　　　　主要工艺数据指标的监测精度

序号	数据指标		精度误差要求
1	绝缘油	总流量	≤±0.2％
2		瞬时流量	≤±0.2％
3		含水量	≤±1μL/L
4		含气量	≤±0.1％
5		颗粒度	NAS等级的±0.5
6		油温	≤±2℃
7	油浸设备本体侧	真空度	100～1000mbar时，≤±30％； 小于100mbar时，≤±15％
8		露点	≤±2℃
9		含氧量	≤±5％
10		变压器油箱出口油温	≤±2℃

（2）所提供的传感器、外接工装、管路等不应存在泄漏或构成污染，符合油浸主设备安装工艺要求。

（3）考虑系统功能可靠性，控制装置宜采用就地控制的方式，部署于作业区域附近。控制装置应配备工控触摸屏，实时显示监控数据信息，便于现场人员查看及操作。

（4）外观、标识、防护等符合国家标准、行业标准，考虑防风、防雨措施，满足特高压工程现场长期露天使用要求。

（5）行走和支撑应适应特高压工程现场实际使用状况。

（6）控制系统要求性能可靠、技术先进、使用方便，其内部集成的监控程序及控制逻辑可根据厂家工艺要求进行适应性改造。

（7）数据接口要求：

1）监控装置全部数据信息应同步接入智慧工地平台。

2）设备采样及数据传输间隔不大于1min。

3.2　"设备概况"示例

3.2.1　技术参数

型号：ODFPS-1000000/1000

型式：户外单相风冷油浸式变压器

额定电压：$1050/\sqrt{3}/515/\sqrt{3}\pm4\times1.25\%/110kV$

额定容量：1000/1000/334MVA

冷却方式：主变压器 OFAF（强迫油循环风冷）；调压变压器 ONAN（自然油循环自然冷却）

调压方式：中性点补偿调压变压器无励磁调压

中性点接地方式：直接接地

3.2.2 变压器重量

（1）主体变压器：器身重 296t，总油重 116t，本体充氮运输重 349t，总重量 506.5t。

（2）调压变压器：器身重 70.5t，总油重 42t，本体充氮运输重 91t，总重量 148t。

（3）最重附件单元：1100kV 高压套管尺寸为 14 000mm×1200mm×1200mm（长×宽×高），重 6500kg。

3.3 "设备运输装卸"示例

3.3.1 本体的起吊、顶升

（1）变压器不允许充油后起吊，不允许起吊变压器（含附件）总重。

（2）起吊设备、吊具及装卸地点的地基必须能承受变压器起吊重量（即运输重量）。

（3）起吊前须将所有的箱沿螺栓拧紧，以防箱沿变形。

（4）若变压器装有伸出箱沿的可拆卸吊攀（见油箱粘贴标识），可利用这些吊攀起吊变压器本体。

（5）吊索与铅垂线间的夹角不大于 30°，否则应使用平衡梁起吊。起吊时必须同时使用规定的吊攀，几根吊绳长度应匹配、受力应均等，严防变压器本体翻倒。变压器整体起吊时，应将钢丝绳系在专供整体起吊的吊攀上。

（6）变压器千斤顶顶起时的重量为变压器起吊重量。

（7）用千斤顶顶升时采用液压千斤顶，对准油箱上千斤顶顶起部位的底板处进行抬高或降低。为了保证变压器的安全，严禁在四个方向同时起落，允许在短轴方向的两点处同时均匀地受力，在短轴两侧交替起落，每一次的起落高度不得超过 120mm。受力之前应及时垫好枕木及垫板，并做好防止千斤顶打滑、防止变压器振动的措施。

（8）千斤顶使用前应检查千斤顶的行程要保持一致，防止变压器本体单点受力。

3.3.2 本体及附件的运输和装卸

（1）变压器本体由制造厂运输到安装地点前，必须对运输路径及两地的装卸条件做充分的调查和了解，制订出安全技术措施，并应遵守下列规定。

1）当铁路运输时，应按铁道部门的有关规定进行。

2）整个运输过程（含铁路、公路、船舶）中，变压器本体允许倾斜角度长轴不大于15°，短轴不大于10°。变压器装卸及就位应使用产品设计专用受力点，并应采取防滑、防溜措施，牵引力速度不应超过2m/min。

3）公路运输时，应将车速控制在高等级路面上不得超过20km/h，一级路面上不得超过15km/h，二级路面上不得超过10km/h，其余路面上不得超过5km/h范围内。

4）公路运输与人工液压平移中，变压器本体的振动与颠簸不得超过公路正常运输时的状况。

5）当利用机械牵引变压器时，牵引的着力点应在设备重心以下，倾斜角度不大于15°。

6）人工平移载运变压器时速度不超过2m/min。

7）在装卸变压器时，考虑到起吊时会有重心不平衡的情况，装卸时应有专人观测车辆平台的升降或船舶的浮沉情况，防止发生意外。站台、码头地基必须坚实平整。

8）运输套管时应特别注意避免颠簸及冲撞，1000kV级套管不宜承受大于等于3g的冲击力，套管运输方式应符合套管说明书的要求。包装应完好，无渗油；瓷体应无损伤。

9）变压器严禁溜放冲击，运输加速度限制在纵向加速度及横向加速度均不大于3g。

10）1000kV级出线装置应在运输车辆上加装一台冲击记录仪，冲击记录仪应牢固的安装在出线装置或包装箱上。运输加速度限制在纵向加速度及横向加速度均不大于3g。

（2）为了保护变压器本体及附件内部不受潮，变压器本体采用充气方式运输。

1）采用充干燥空气方式时，瓶装干燥空气出口处气体露点不高于-45℃；出厂时本体的气体压力应为0.02~0.03MPa，运输时油箱内的气体压力应保持在0.01~0.03MPa；每台变压器必须配有可以随时补气的纯净、干燥气体瓶，始终保持变压器内为正压力，并设有压力表进行监视。

2）采用充氮气方式时，瓶装氮气出口处气体露点不高于-45℃；含氮量不小于99.999%，含水量不大于5μL/L。出厂时本体内气体压力应为0.02~0.03MPa，运输中应始终保持油箱内部正压应控制在0.01~0.03MPa范围内，否则应补充符合上述要求压力的气体。关注所有密封处均应密封良好，不得渗漏气。

（3）测量装置、出线装置的充气运输。

1）充气运输的测量装置、出线装置在发运前，应试漏合格，并充入合格的干燥空气或氮气。

2）在运输过程中，应进行压力监测，及时补气或放气，保持外壳内的压力为0.01~0.03MPa。

3）在补气、放气过程中，操作人员不得离开，要随时监视压力表、真空度的指示变化情况，随时调节有关的阀门。

（4）拆卸的连接管、升高座、储油柜、散热器（冷却器）、套管式电流互感器装配均应密封运输，内部装有绝缘零部件时应充油密封运输。

3.4 "安装流程及职责划分"示例

3.4.1 安装流程

1000kV 电力变压器、电抗器安装流程如图 3-1 所示。

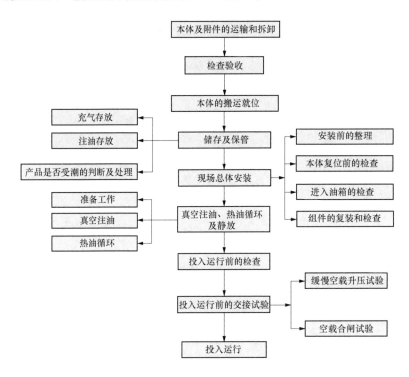

图 3-1 1000kV 电力变压器、电抗器安装流程

3.4.2 安装分工界面

1000kV 电力变压器、电抗器安装分工界面如表 3-2 所示。

表 3-2   1000kV 电力变压器、电抗器安装分工界面

序号	项目	内容	责任单位
一、管理方面			
1	总体管理	安装单位负责施工现场的整体组织和协调，确保现场的整体安全、质量和进度有序	安装单位
2	安全管控	安装单位负责对制造厂人员进行安全交底，对分批到场的厂家人员，要进行补充交底	安装单位
		安装单位负责现场的安全保卫工作，负责现场已接收物资材料的保管工作	安装单位
		安装单位负责现场的安全文明施工，负责安全围栏、警示图牌等设施的布置和维护，负责现场作业环境的清洁卫生工作，做到"工完、料尽、场地清"	安装单位
		制造厂人员应遵守国网公司及现场的各项安全管理规定，在现场工作着统一工装并正确佩戴安全帽	制造厂

序号	项目	内容	责任单位
3	劳动纪律	安装单位负责与制造厂沟通协商，制定符合现场要求的作息制度，制造厂应严格遵守纪律，不得迟到早退	安装单位、制造厂
4	人员管理	安装单位参与变压器、电抗器安装作业的人员，必须经过专业技术培训合格，具有一定安装经验和较强责任心。安装单位向制造厂提供现场人员组织名单，便于联络和沟通	安装单位
		制造厂人员必须是从事变压器、电抗器制造、安装且经验丰富的人员。入场时，制造厂向安装单位提供现场人员组织机构图，并向现场出具相关委托函及人员资质证明，便于联络和管理	制造厂
5	交底培训	制造厂负责根据现场安装单位需求时间节点，开展设备安装准备、安装指导及关键环节管控方面交底培训工作	制造厂
6	技术资料	安装单位负责根据制造厂提供的变压器、电抗器设备安装作业指导书，编写设备安装施工方案，并完成相关报审手续。 安装单位负责收集、整理管控记录卡和质量验评表等施工资料	安装单位
7	进度管理	为满足安装工艺的连续性要求，现场需要加班时，安装单位和制造厂应全力配合。加班所产生的费用各自承担	安装单位、制造厂
		安装单位编制本工程的变压器、电抗器安装进度计划，报监理单位和建设单位批准后实施	安装单位
		制造厂配合安装单位制订每日的工作计划，由安装单位实施。若出现施工进度不符合整体进度计划的，安装单位需进行动态调整和采取纠偏措施，保证按期完成	安装单位
8	物资材料	安装单位负责提供室内仓库，用于变压器、电抗器安装过程中的材料、图纸、工器具的临时存放	安装单位
		安装单位应提供规格标准、性能良好的施工器具、安全防护用具、起重机具，并对其安全性负责	安装单位
		安装单位负责变压器、电抗器安装后盖板临时保管、移交，安装期间应及时清理运走，不得影响现场文明施工	安装单位
		制造厂提供符合要求的专用工装，包括吊具、抽真空工装、运输小车等，具体提供套数根据进度情况协商确定	制造厂
9	防尘设施	汇控柜内部继电器表面应在出厂前覆盖一层塑料薄膜，做好防风沙措施。 厂家应提供套管安装时的防风沙护罩	制造厂
		现场进行二次接线时，安装单位应根据实际情况做好柜体防尘措施，如给汇控柜加装防护罩，在防护罩内进行二次接线工作。提前检查继电器表面防沙薄膜是否完整，不完整的及时补漏。安装单位在变压器、电抗器安装前应提前搭设好附件检查防尘棚（间）	安装单位
		安装单位及制造厂调试人员在进行变压器、电抗器本体调试工作时，应尽量少打开汇控柜的开门数量并及时关闭不调试处的箱门	安装单位、制造厂

序号	项目	内容	责任单位
二、安装方面			
1	基础复测	制造厂负责就位前检查基础表面清洁程度，负责检查构筑物的预埋件及预留孔洞应符合设计要求	制造厂
		安装单位提供安装和就位所需要的基础中心线，负责变压器、电抗器器身轴线定位符合产品技术要求	安装单位
		制造厂对主要基础参数和指标进行复核，负责核实本体与基础接触紧密性符合设计要求	制造厂
2	冲撞记录仪检查	安装单位负责三维冲撞仪数据检查，经物资、监理、厂家、大件运输单位共同签字确认，要求符合产品技术要求	安装单位
3	附件清点	设备附件到货后，需要由厂家协同安装单位负责将设备附件清点，并将易碎件等不能保存户外的附件，移交给安装单位放入库房进行保管	安装单位
		制造厂负责提出明确的附件及设备保管存放要求	制造厂
4	散热器安装	厂家和安装单位负责对散热器表面进行外观检查	安装单位、制造厂
		厂家负责散热器拼装、吊装的技术指导，并提供足量的合格绝缘油保证散热器冲洗工作要求	制造厂
		安装单位负责散热器组装、吊装，负责配合厂家完成散热器的冲洗及密封试验	安装单位
5	油管路安装	厂家负责分配标记变压器、电抗器各部位油管路，并指导安装连接	制造厂
6	储油柜安装	厂家负责做好储油柜内壁检查，胶囊的检查及安装，确保储油柜内壁无毛刺，胶囊完好	制造厂
		施工单位配合胶囊充气检查，负责储油柜的吊装安装	安装单位
7	变压器、电抗器内检	厂家负责变压器、电抗器内部检查，内检前明确内检内容，请监理及安装单位见证，厂家负责做好内部检查记录	制造厂
		安装单位负责持续向本体内充入干燥空气	安装单位
8	升高座及套管安装	厂家负责升高座、套管的安装技术指导，并提供专用的吊具	制造厂
		厂家负责升高座、套管安装时的引线连接、内部检查、内部均压罩或均压球的安装	制造厂
		施工单位配合厂家进行升高座、套管吊装，对吊装作业安全性负责	安装单位
		设备升高座法兰连接螺栓需齐全、紧固，满足厂家紧固螺栓顺序及螺栓力矩要求	安装单位
9	管道、阀门安装	安装单位负责管道及相应阀门安装工作	安装单位
		厂家负责检查管道连接情况及阀门开闭方向	制造厂
10	压力释放阀安装	安装单位负责压力释放阀的校验，保证阀盖及弹簧无变动，密封良好，微动开关动作和复位情况正常	安装单位
11	表计、继电器安装	负责提供合格的表计、继电器，且需提供出厂校验报告及合格证	制造厂
		负责相关表计参数非电量定值表	制造厂
		负责表计、继电器安装及到场后的校验	安装单位
12	吸附剂安装	厂家负责吸附剂安装、更换工作，安装单位配合	制造厂

续表

序号	项目	内容	责任单位
13	对接面	厂家负责所有对接法兰面清洁、润滑脂涂抹、密封圈更换等工作	制造厂
		安装单位负责法兰对接面的螺栓紧固，并达到制造厂技术要求	安装单位
14	真空滤油机检查	安装单位负责检查电器控制系统、恒温控制器、各泵轴封、各管路系统及密封处、液位控制、工作压力等相关情况，并进行自循环试运行、油色谱分析试验	安装单位
		制造厂负责提供自循环用油，并指导试验，对检查结果进行确认	制造厂
15	干燥空气发生器检查	安装单位负责检查压缩机油位、电源相序、各阀门开闭情况、变色硅胶颜色、输出露点等	安装单位
		制造厂对检查结果进行确认	制造厂
16	真空机组检查	安装单位负责抽真空前极限真空检测，对连接管路密封性进行检查	安装单位
		制造厂对检查结果进行确认	制造厂
17	抽真空	厂家负责变压器、电抗器抽真空的专用工具，并提供抽真空的技术要求文件或工艺要求。并指导施工人员连接各抽真空点，同时明确变压器、电抗器各部件的蝶阀开关情况	制造厂
		安装单位负责配备符合厂家技术要求的真空泵，按照厂家技术要求进行抽真空，安排好抽真空小组工作，抽真空阶段应对变压器、电抗器及附件进行检查	安装单位
18	注油	厂家负责提供合格的绝缘油	制造厂
		厂家负责注油期间技术指导，特别是针对阀侧套管补油、储油柜补油期间应一同与施工单位进行巡视，需明确储油柜、套管补油期间及结束时各蝶阀的开关情况	制造厂
		厂家负责确认注油量	制造厂
		安装单位负责提供满足技术要求的滤油机，负责注油时的管路连接及注油工作，并与厂家一起进行补油工作及注油工作期间的巡视工作，按照厂家要求进行相应蝶阀的开、关	安装单位
19	热油循环	安装单位负责变压器、电抗器的热油循环工作，并在工作期间检查变压器、电抗器各部位是否有渗漏油现象	安装单位
		厂家应提供热油循环的工艺标准，并对热油循环期间发现的厂家问题及时进行处理	制造厂
		根据现场实际情况，如需采取低频加热措施，由安装单位联系加热装置厂家到场，厂家负责技术监督	安装单位
20	静置	厂家负责变压器、电抗器本体静压密封试验，安装单位配合	制造厂
21	变压器、电抗器本体接地	制造厂负责提供变压器、电抗器本体各连接法兰之间的接地材料，包括铁芯、夹件的接地引出线	制造厂
		安装单位负责按照厂家图纸对变压器、电抗器各法兰进行跨接接地，并按设计图纸完成变压器、电抗器本体、铁芯、夹件与主接地网的接地连接	安装单位

续表

序号	项目	内容	责任单位
22	二次施工及本体调试	安装单位负责变压器、电抗器就地汇控柜、控制柜的吊装就位，制造厂家确定就位的正确性。安装单位负责变压器、电抗器本体二次接线及信号核对校验工作，负责冷却器风机、油泵的传动工作	安装单位
		厂家负责提供变压器、电抗器设备自身的电缆及标牌、接线端子、槽盒、线号管（打印好线号）等附件，包括设备到机构、机构到汇控柜、汇控柜到 PLC 柜、汇控柜到在线监测柜等	制造厂
		厂家负责对其温度控制器内部相应参数进行调节并验证，如温度控制器内部可调节电阻等。厂家负责 PLC 柜程序的设定，且程序需满足设计、运检单位要求	制造厂
		厂家负责对有载开关的机械传动及挡位调节进行调试，调试完成后移交安装单位进行电动调试	制造厂
23	试验调试	安装单位负责变压器、电抗器设备所有交接试验，并实时准确记录试验结果，比对出厂数据，及时整理试验报告	安装单位
		安装单位负责常规试验、冷却器控制逻辑验证	安装单位
		特殊试验单位负责进行特殊试验项目，安装单位根据合同内容配合，厂家负责安排试验人员到场参与试验	特殊试验单位
24	问题整改	在安装、调试过程中，制造厂负责处理不符合基建和运检要求（根据合同技术条款）的产品自身质量缺陷	制造厂
		在安装、调试过程中，安装单位负责处理因施工造成的不符合基建和运检要求的质量缺陷	安装单位
25	质量验收	在竣工验收时，安装单位负责牵头质量消缺工作，制造厂配合	安装单位
		验收产生的缺陷，由制造厂产品本身原因造成的，由制造厂负责整改闭环	制造厂

3.5 "安装准备"示例

安装单位需要准备的主要设备和工具如表 3-3 所示。

表 3-3　　　　　　　　　安装单位需要准备的主要设备和工具

类别	序号	名 称	数 量	规格及其说明
起重设备	1	起重机（吊车）	3	25t 以上
	2	起重葫芦	各1套	1～3t、5t 各 2 台
	3	千斤顶及垫板	4 只	不少于本体运输重量的一半
	4	枕木和木板	适量	

类别	序号	名　称	数　量	规格及其说明
注油设备	5	真空滤油机组	1台	净油能力：＞9000L/h，工作压力不大于100Pa
	6	双级真空机组	1台	抽速不小于1500L/min，残压低于13.3Pa
	7	真空计（电子式或指针式真空计）	1	1～1000Pa
	8	真空表	1～2块	－0.1～0MPa
	9	干燥空气机或瓶装干燥空气	1台若干瓶	干燥空气露点不高于－45℃
	10	储油罐	1套	根据油量确定，约为变压器总油量的1.2倍
	11	干湿温度计	1	测空气湿度，RH（0％～100％）
	12	抽真空用管及逆止阀门	1套	
	13	耐真空透明注油管及阀门	1套	接头法兰按总装图给出的阀门尺寸配做
登高设备	14	梯子	2架	5m、3m
	15	脚手架	若干副	
	16	升降车	1台	
	17	安全带	若干副	
消防用具	18	灭火器若干	若干个	防止发生意外
保洁器材	19	优质白色棉布、次棉布	适量	
	20	防水布和塑料布	适量	
	21	工作服	若干套	
	22	塑料或棉布内检外衣（绒衣）	若干套	绒衣冬天用
	23	高筒耐油靴	若干双	
一般工具	24	套管定位螺母扳手	1副	
	25	紧固螺栓扳手	1套	M10～M48
	26	手电筒	3个	小号1个、大号2个
	27	力矩扳手	1套	M8～M16，内部接线紧固螺栓用
	28	尼龙绳	3	ϕ8mm×20m　绑扎用
	29	锉刀、布砂纸	适量	挫、磨
消耗材料	30	直纹白布带/电工皱纹纸带	各3盘	需烘干后使用
	31	密封胶	1kg	401胶
	32	绝缘纸板	适量	烘干
	33	硅胶	5kg	粗孔粗粒
	34	无水乙醇	2kg	清洁器皿用
备用器材	35	气焊设备	1套	
	36	电焊设备	1套	
	37	过滤纸烘干箱	1台	
	38	高纯氮气	自定	有需要
	39	铜丝网	2m²	30目/cm²，制作硅胶袋用
	40	半透明尼龙管	1	ϕ8mm×15m，用作变压器临时油位计
	41	刷子	2把	刷油漆用
	42	现场照明设备	1套	带有防护面罩
	43	筛子	1件	30目/cm²，筛硅胶用
	44	耐油橡胶板	若干块	
	45	空油桶	若干	

类别	序号	名　　称	数　量	规格及其说明
测试设备	46	万用表	1块	MF368
	47	电子式含氧表	1块	量程：0%～30%
	48	绝缘电阻表	各1块	2500V/2500MΩ；500V/2000MΩ；1000V/2000MΩ

3.6 "设备验收储存"示例

3.6.1 本体验收

（1）收货人核实到货的产品型号是否与合同相符。变压器运到现场后，卸车时先清点裸装大件和包装箱数，与运输部门办理交接手续。

（2）加装三维冲撞记录仪运输的变压器，应检查冲撞记录仪的记录，三维方向控制在 3g 以下，并请妥善保管冲撞记录单和冲撞记录仪。冲撞记录仪应返回制造厂。

（3）检查押运记录，了解有无异常情况。

（4）先拆开文件箱，按变压器"产品出厂文件目录"查对产品出厂文件、合格证书是否齐全，图纸、技术资料是否完整。

（5）检查本体与运输车之间有无移位，固定用钢丝绳有无拉断现象，箱底限位件的焊缝有无崩裂，并做好记录。检查变压器本体有无损伤、变形、开裂等，如发现变压器本体有不正常现象，冲撞记录有异常记录，收货人应及时向承运人交涉，应立即停止卸货，并将情况通知制造厂。

（6）依据变压器总装图、运输图，拆除用于运输过程中起固定作用的固定支架及填充物，注意不要损坏其他零部件和引线。

（7）本体应无锈蚀及机械损伤，密封应良好，附件应齐全，包装应完好。

（8）油箱箱盖或钟罩法兰及封板的连接螺栓应齐全，紧固应良好，应无渗漏；充油或充干燥气体运输的附件应无渗漏，并应装设压力监视装置。

（9）充气运输的变压器，油箱内压力应保持在 0.01～0.03MPa 范围内；现场应办理交接签证并移交压力监视记录。同时应检查冲击记录仪情况，并办理交接签证。

3.6.2 产品未受潮的初步验证

变压器运到现场后应立即检查产品运输中是否受潮，在确认产品未受潮的情况下，才能进行安装和投入运行。产品未受潮的初步验证如表 3-4 所示。

表3-4　　　　　　　　　　　　　　　　　产品未受潮的初步验证

序号	验证项目		指标
1	气体压力（常温）（MPa）		≥0.01
2	油样分析	耐压值（kV）	≥50
3		含水量（mg/L）	≤15

注　1. 充气运输的变压器的油样分析是指残油化验。

　　2. 耐压值是指用标准试验油杯试验。

如表3-4中三项有一项不符合要求，则充气运输的变压器不能充气存放，还须按进一步判断产品是否受潮。

3.6.3　附件开箱检查验收

（1）现场开箱应提前与制造厂联系，告知开箱检查时间，与制造厂共同进行开箱检查工作。

（2）收货人应按"产品装箱一览表"检查到货箱数是否相符合，有无漏发、错发等现象。若有问题，应立即与制造厂联系，以便妥善处理。

（3）检查附件包装箱有无破损，做好记录。按各分箱清单查对箱内零件、部件、组件是否与之相符合，检查附件有无损坏、漏装现象，并做好记录。如有问题及时与承运单位和制造厂联系。

3.6.4　变压器油的验收与保管

（1）检查变压器绝缘油的牌号是否与生产厂家提供的本产品绝缘油牌号相同，不得与其他不同牌号的绝缘油混合使用和存放，以免发生意外。

（2）检查运油罐的密封和呼吸器的吸湿情况，并做好记录。

（3）用测量体积或称重的方法核实油的数量。

（4）油到现场后最低标准应按GB 2536《电工流体　变压器和开关用的未使用过的矿物绝缘油》标准抽样验收。经处理后投运前的变压器油满足表3-5的要求（详见GB/T 50832—2013《1000kV系统电气装置安装工程电气设备交接试验标准》和GB 50835—2013《1000kV电力变压器、油浸电抗器、互感器施工及验收规范》），同时可参考DL/T 722—2014《变压器油中溶解气体分析和判断导则》中关于气体含量要求。

表3-5　　　　　　　　　　　　　　　　　投运前的变压器油指标

序号	内容	指标
1	击穿电压（kV）	≥70
2	介质损耗因数 $\tan\delta$（90℃）（%）	≤0.5
3	油中含水量（mg/L）	≤8
4	油中含气量（体积分数，%）	≤0.8

序号	内容		指标
5	油中颗粒度限值		油中5～100μm的颗粒不多于1000个/100mL，不允许有大于100μm颗粒
6	油中溶解气体含量色谱分析（μL/L）	氢气	<10
		乙炔	<0.1
		总烃	<10

注 其他性能应符合GB/T 7595—2017《运行中变压器油质量标准》的规定。

（5）进口变压器油按相关国际标准或按合同规定标准进行验收。

（6）运到现场的变压器油，在制造厂做入厂检验，并有记录。若为炼油厂直接来油或使用者自行购置的商品油或有疑义时，都须按技术协议要求进行检验，并有记录。

（7）变压器油的存储应使用密封清洁的专用油罐或容器，并做好标识。不同牌号的变压器油应分别储存与保管，不允许混装。关于变压器油对环境、安全和健康的影响及其防护措施参见附录A。

（8）严禁在雨、雪、雾天进行倒罐滤油。变压器油过滤注入油罐时，须防止混入杂质，进入潮气，被空气污染。

3.6.5 产品的存放

3.6.5.1 充气存放

（1）对于充气运输的产品，运到现场后应立即检查本体内部的气体压力是否符合0.01～0.03MPa的要求。

（2）如果充气压力符合0.01～0.03MPa的要求时，允许充气短期存放，并应每天记录压力监视值，但存放时间预期超过3个月的产品，必须在1个月内进行注油存放。

（3）如果充气压力不符合0.01～0.03MPa的要求时，产品不能继续充气存放，必须按进一步判断产品是否受潮。

（4）充气存放时必须有压力监视装置。

（5）充气存放过程中，每天至少巡查2次，对油箱内压力及补入的气体量做好记录。如压力降低很快，气体消耗量增大说明有泄漏现象，应及时检查处理，严防变压器器身受潮。

3.6.5.2 注油存放

充气运输产品到达现场后，当3个月内不能安装的，应按照产品长期保管要求注油保管，或不能充气存放的产品，必须在1个月内注油存放，工作程序和要求如下：

（1）油箱密封应良好，注油前进行残油的击穿电压和含水量试验，以便进行绝缘分析判断，要排尽箱底残油，应使用靠近箱底的放油塞子将残油放入单独的油容器中，油样化验应符合表3-5

要求，残油经过过滤合格后方可使用。

（2）注油前，有条件时应装上储油柜系统（包括吸湿器、油位表）。从油箱下部抽真空至100Pa以下维持24h以后，注入符合表3-5要求的变压器油。注油至稍高于储油柜正常油面位置，并打开储油柜的呼吸阀门，保证吸湿器正常工作。若未能安装储油柜（不建议使用这种存放方式），注油后最终油位距箱顶约200mm，油面以上无油区充入露点低于−45℃的干燥空气，解除真空后压力应维持在0.01～0.03MPa。

（3）注油存放过程中，必须有专人监控，每天至少巡视一次。当吸湿器中硅胶颜色发生变化，应立即进行吸湿器更换。每隔10天要对变压器外观进行一次检查，检查有无渗油、油位是否正常、外表有无锈蚀等，发现问题要及时处理，每隔30天要从本体内抽取油样进行试验，其性能必须符合表3-5要求，并做好记录。

（4）注油排氮气时，任何人不得在排气孔处停留。

（5）注油存放期间应将油箱的专用接地点与接地网连接牢靠。

3.6.6 附件储存

（1）如储油柜、散热器、冷却器、导油联管、框架等的存放，应有密封、防雨、防尘、防污措施，不允许出现锈蚀和污秽。

（2）套管装卸和保存期间运输的存放应符合套管说明书的要求。电容式套管存放期超过六个月时，放置方式及倾斜角度按套管厂家提供的使用说明书要求执行。

（3）套管与附件（如测温装置、出线装置、仪器仪表、小组件、在线监测、温度控制器、继电器、接线箱、控制柜、有载开关操动机构、导线、电缆、密封件和绝缘材料等）都必须放在干燥、通风的室内。

（4）冷却装置等附件，其底部应垫高、垫平，不得水浸；浸油运输的附件应保持浸油保管，密封应良好；套管装卸和存放应符合产品技术文件要求。

（5）在存放期间，应经常检查本体及组件有无渗漏，有无锈蚀，油位是否正常等，并3个月取一次油样进行耐压、含水量、介质损耗因数的检验。

（6）充气运输的测量装置、出线装置若不立即安装，现场检查合格后，可以充气存放，但存放时间不得超过3个月，存放期间外壳内的气体压力应保持在0.01～0.03MPa。超过3个月的，则必须与本体一起注油存放。

（7）充气运输的测量装置、出线装置在运输、停放或储存期间，必须有人监控，每天早晚至少两次监测并记录外壳内部压力情况。若突发压力变化，请及时与制造厂联系、处理，以免绝缘受潮。

（8）测量装置、出线装置不允许露天存放，严防内部绝缘件受潮。套管式电流互感器不允许倾斜或倒置存放；本体、冷却装置等，其底部应垫高、垫平，不得水淹。

（9）拆卸的连接管、升高座、储油柜、散热器（冷却器）、套管式电流互感器装配均应密封运输，内部装有绝缘零部件时应充油密封运输。

3.6.7 其他

（1）如果合同规定有备品、备件或附属设备时，应按制造厂"备品备件一览表"明细查收是否齐全、有无损坏。

（2）对于上述检查验收过程中发现的损坏、缺失及其他不正常现象，需做详细记录，并进行现场拍照，经供需双方签字确认。照片、缺损件清单及检查记录副本应及时提供给制造厂及承运单位，以便迅速查找原因并解决。

（3）经开箱检查验收后办理签收手续。签收证明一式两份，制造厂依据签收证明提供现场服务。

（4）检查验收后，本体和附件包装箱应选择合适的地点保存。收货人应对其安全和完好负责，如有丢失和损坏应承担责任。

3.7 "安装前接口验收"示例

1000kV变压器就位前，应按照基础、埋件设计要求及进行验收，并按如下步骤进行就位。

（1）本体搬运到安装位置时，需将钢丝绳挂在本体油箱的牵引攀上牵引。

（2）必要时在本体的位置用千斤顶进行抬高或降低时，必须使用油箱的千斤顶底座。

（3）在斜坡上装卸变压器本体时，斜坡角度不大于10°，斜坡长度不大于10m，并有防滑措施。

（4）变压器安装基础应保持水平。变压器与基础的预埋件可靠连接。

（5）变压器油箱顶盖、联管已有符合标准要求的坡度，故变压器在基础上水平安装不需要倾斜。特殊结构（见总装图）就位前应事先放置，如加装减振垫板等。

3.8 "设备安装"示例

3.8.1 基本要求

（1）凡雨、雪、雾、刮风（4级以上）天气和相对湿度75%以上的天气不能进行安装。

（2）安装过程应持续充入干燥空气直到封盖为止，每天工作完毕，每天工作结束后，应抽真空并补充干燥空气直到内部压力达到0.01～0.03MPa。

（3）每天装附件时间不大于8h，器身暴露于大气的总安装时间不超过40h。冷却装置、储油柜等不需在露空状态安装的附件应先行安装完成，且在安装过程中不得扳动或打开本体油箱的任一阀门或密封板。

（4）一般组件、部件（如冷却装置、储油柜、压力释放阀等）的复装都应在真空注油前完成。须严格清理所有附件，擦洗干净管口，必要时用合格的油冲洗与变压器直接接触的组件，如冷却器、储油柜、导油管、升高座等，冲洗时不允许在管路中加设金属网，以免带入油箱内。

（5）检查各连接法兰面、密封槽是否清洁，密封垫是否完整、光洁。与本体连接的法兰密封面更换新的密封圈。

（6）导油管路应按照总装配图（或导油管图）进行。按导油管上编号对应安装，不得随意更换；同时装上相关阀门和蝶阀。带有螺杆的波纹联管在安装过程中，首先将波纹联管与导油联管两端的法兰拧紧，再锁死波纹联管螺杆两端的螺母。

（7）测量套管式电流互感器的绝缘电阻、变比及极性是否与铭牌和技术条件相符合。

3.8.2　安装前的整理

（1）对零部件的清洁要求。

1）凡是与油接触的金属表面或瓷绝缘表面，均应采用不掉纤维的白布拭擦，直到白布上不见脏污颜色和杂质颗粒（简称不见脏色）。

2）套管的导管、冷却器、散热器的框架、联管等与油接触的管道内表面，凡是看不见摸不着的地方，必须用无水乙醇沾湿的白布来回拉擦，直到白布上不见脏色。即使是出厂时是干净的，密封运输到现场后，也应进行拉擦，以确保其是洁净的。

（2）对密封面的要求。

1）应十分仔细地处理好每一个密封面，法兰连接面应平整、清洁，以保证不渗漏。所有大小法兰的密封面或密封槽，在安放密封垫前，均应清除锈迹、油漆和其他沾污物，并用布沾无水乙醇将密封面擦洗干净，直到白布上不见脏色，保证密封面光滑平整。

2）所有在现场安装的密封垫圈，凡存在变形、扭曲、裂纹、毛刺、失效、不耐油等缺陷，一律不能使用。密封垫应擦拭干净，安装位置应正确。

3）密封垫圈的尺寸应与密封槽和密封面尺寸相配合，发现尺寸过大或过小的密封垫圈都不能使用，而应另配合适的密封垫圈。圆密封圈其搭接处直径必须与密封圈直径相同，搭接面平放在密封槽内并做标记。应确保在整个圆周面或平面上均匀受压。

4）对于无密封槽的法兰，密封垫必须用密封胶粘在有效的密封面上。如果在螺栓紧固以后发现密封垫未处于有效密封面上，应松开螺栓扶正。密封圈的压缩量应控制在正常的1/3范围之内。

（3）紧固法兰时，用紧固力矩扳手（见表3-6），应取对角线方向，交替、逐步拧紧各个螺栓，最后统一紧一次，以保证压紧度相同、适宜。

表 3-6　　　　　　　　　　　　　　　紧 固 力 矩 值

螺纹规格	螺栓螺母连接时的施加最小扭矩（N·m）	螺栓与钢板（开螺纹孔）连接时的施加最小扭矩（N·m）
M10	41	26.4
M12	71	46
M16	175	115
M20	355	224
M24	490	390

注　表中为碳钢或合金钢制造的螺栓、螺钉、螺柱及螺母的扭矩值。

（4）所有螺栓的电气接头，都要确保电接触可靠。

1）接头的接触表面应擦净，不得有脏污、氧化膜等覆盖及妨碍电接触的杂质存在。

2）接头的连接片应平直，无毛刺、飞边。

3）紧固螺栓应配有蝶形垫圈。利用蝶形垫圈的压缩量，用紧固力矩扳手（见表 3-6）拧紧各个螺栓，应保持足够的压紧力，保证电连接的可靠性。

3.8.3　内检

（1）本变压器不需要吊芯或吊罩检查，但需从油箱人孔进入进行内检；若冲击记录仪有异常情况记录，也需进入油箱进行内检。

（2）进入油箱中进行内检时的要求与注意事项。

1）在打开人孔或观察孔检查器身前，须在孔外部搭建临时防尘罩，并设专人守候，以便与进箱人员进行联系。

2）凡雨、雪、雾、刮风（4级以上）天气和相对湿度 75% 以上的天气不能进行内检。

3）充氮运输的产品应抽真空排氮，至真空残压小于 1000Pa 时，用露点低于 −45℃ 的干燥空气解除真空。

4）对于充氮运输的产品，在氮气没有排净前及内部含氧量低于 18% 时，任何人不得进入作业；在内检过程中必须向箱体内持续补充干燥空气，并必须保持内部含氧量不低于 18%。

5）放油时要从箱盖的阀门或充气接头以 0.7～3m³/min 的流量向油箱内充入干燥空气（露点低于 −45℃）。放油完毕后要以 0.2m³/min 左右的流量持续向油箱内吹入干燥空气，正常工作 30min 后（通过压力表观测油箱内压力应小于 0.003MPa），然后打开人孔盖板，进入内部检查。持续充入干燥空气直到内检完毕封盖为止（每天工作完毕，本体充入干燥空气，保持 20kPa 左右）。

6）进行内检前，检查压力表并测量绝缘电阻，再按表 3-4 规定判断器身是否受潮。

7）进入油箱进行内检的人员必须穿清洁的衣服和鞋袜，除所带工具外不得带任何其他金属物件。所带工具应有标记，并严格执行登记、清点制度，防止遗忘油箱中。检查完毕后再次统计工具的种类及数量，以避免工具遗忘在产品中。

8）进行内检的人员必须事先明确要检查的清单，逐项检查。

9）所有油箱上打开盖板的地方要有防止灰尘、异物进入油箱的措施。

10）器身在空气中暴露的时间要尽量缩短，从器身暴露于空气中开始到开始抽真空，最长时间不得超过 8h。

11）严禁在油箱内更换灯泡、修理工具。

12）内检过程中不得损坏绝缘。线圈出头线不得任意弯折，须保持原安装位置。不宜在导线支架及引线上攀登。

（3）进入油箱的检查内容。

1）拆除变压器本体运输就位用的内部、外部临时支撑件。

2）检查铁芯有无移位、变形。

3）检查器身有无移位，定位件、固定装置及压紧垫块是否松动。

4）检查绕组有无移位、松动及绝缘有无损伤、异物。

5）检查引线支撑、夹紧是否牢固，绝缘是否良好，引线有无移位、破损、下沉现象。检查引线绝缘距离。

6）检查铁芯与铁芯结构件间的绝缘是否良好（用 2500V 绝缘电阻表测量），是否存在多余接地点。检查铁芯、夹件及调柱、静电屏和磁分路接地情况是否良好，测量有无悬浮。

7）检查所有连接的紧固件是否松动。

8）线圈及围屏应无明显的位移，围屏外边的绑带应无松动。

9）检查开关接触是否良好，单相触头位置是否一致，是否在出厂整定位置。

10）最后清理油箱内部，所有结构件表面应无尘污，清除残油、纸屑、污秽杂物等。

11）应根据器身检查结果确定运输是否正常，并应做好记录。

12）器身检查结束，应抽真空并补充干燥空气直到内部压力达到 0.01～0.03MPa。

13）在进行内检的同时，允许进行出线装置和套管的装配工作。

3.8.4　储油柜安装

储油柜应按照产品技术文件或者生产厂家的安装使用说明书的要求进行检查、安装。首先检查胶囊密封，然后安装好支架，将储油柜安装就位。再安装联管、波纹联管、蝶阀、气体继电器、梯子等附件（注意：吸湿器及气体继电器在真空注油结束后安装）。

（1）储油柜安装前应进行检查，胶囊式储油柜的胶囊应完好无损，胶囊在缓慢充气舒展开后，胶囊沿长度方向应与储油柜长轴保持平行，不应有扭曲，胶囊口的密封应良好，呼吸应畅通。胶囊在缓慢充气胀开后检查应无漏气现象，如不符合要求应更换。

（2）气体继电器安装前应检查，需符合使用要求。

（3）安装好柜脚后，将储油柜就位，再安装储油柜梯子。

（4）检查各连接法兰面，密封槽是否清洁，密封垫是否伏贴后再安装联管、蝶阀、气体继电器、防雨罩、释压器升高座、释压器及附件。

（5）最后安装接地板。注意吸湿器及气体继电器在套管注油结束后安装。

（6）安装管式油位管时，应注意使油管的指示与储油柜的真实油位相符，安装指针式油表时，应使浮球能沉浮自如，避免造成假油位。油位表的信号接点位置应正确，绝缘良好。

（7）波纹储油柜应参考厂家提供的安装使用说明书进行安装。

3.8.5　冷却装置的安装

（1）冷却装置在安装前应按使用说明书做好安装前的检查及准备工作。打开冷却器的运输用盖板和油泵盖板，检查内部是否清洁和有无锈蚀。检查蝶阀阀片和密封槽不得有油垢、锈迹、缺陷，蝶阀关闭和开启要符合要求。

（2）冷却装置在制造厂内已经过了冲洗且运到现场后密封良好，内部无锈蚀、雨水、油污等，现场可不安排内部冲洗。否则，安装前应用合格的绝缘油经滤油机循环将内部冲洗干净，并将残油排尽。

（3）冷却装置安装在框架上时，应先把框架与本体导油管连接固定好，然后按编号吊装冷却装置，安装油流继电器。冷却装置应平衡起吊，接口阀门密封、开启位置应预先检查合格。

（4）风扇电动机及叶片应安装牢固并且转动灵活，无卡阻；试转时应无振动过热；叶片应无扭曲变形或风筒碰擦等情况，转向应正确；电动机的电源配线应采用具有耐油性的绝缘导线。

（5）油泵转向正确，转动时应无异常噪声、振动或过热现象；其密封应良好，无渗漏油或进气现象。

（6）管路中的阀门应操作灵活，开闭位置正确；阀门及法兰连接处应密封良好。

（7）油流继电器应校验合格，且密封良好，动作可靠。

（8）导油管路应按照总装配图（或导油联管装配图）进行。同时装上相关阀门和蝶阀。按零件编号和安装标志对应安装，导油管上编号不得随意更换；安装油管，蝶阀、支架和冷却器。吊装冷却器时，必须使用双钩起吊法来使之处于直立状态，然后吊到安装位置，与冷却器支架及油管装配。

（9）电气元件和回路绝缘试验应合格。

3.8.6　气体继电器和速动油压继电器的安装

（1）气体继电器和速动油压继电器应按使用说明书中规定进行检验整定。

（2）气体继电器应按照图纸要求安装，其顶盖上标示的箭头应指向储油柜。

（3）带集气盒的气体继电器，应将集气管路连接好，集气盒内应充满绝缘油，密封应良好。

（4）气体继电器应具备防潮和防进水功能，并应加装防雨罩。

（5）电缆引线在接入气体继电器处应有滴水弯，进线孔应封堵严密。

（6）观察窗的挡板应处于打开位置。

3.8.7 释压器的安装

压力释放装置的安装方向应正确；阀盖和升高座内部应清洁，密封应良好，电接点应动作准确，绝缘应良好，动作压力值应符合产品技术文件要求。

3.8.8 吸湿器的安装

吸湿器与储油柜间的连接管的密封应良好，吸湿剂应干燥，油封油位应在油面线以上。

3.8.9 测温装置的安装

（1）温度计安装前应进行校验合格，信号接点动作应正确，导通应良好，就地与远传显示应符合产品技术文件规定；绕组温度计应根据使用说明书的规定进行调整。

（2）温度计应根据设备厂家的规定进行整定，并应报运行单位认可。

（3）顶盖上的温度计座内应注入适量的变压器油，注油高度应为温度计座的三分之二，密封性应良好，无渗油现象；闲置的温度计座应密封，不得进水。

（4）温度计的细金属软管不得有压扁或急剧扭曲，弯曲半径不得小于 150mm（或按其使用说明书规定）。

3.8.10 1000kV 套管的安装

1000kV 套管的安装应符合套管厂家提供安装使用说明书的要求。

3.8.11 分接开关的安装和检查

（1）安装好开关、传动轴、锥形齿轮、控制箱等所有开关附件后，需有一人在箱顶，另一人在下部手动操作两周（从最大分接到最小分接，再回到最大分接，称为一周），保证挡位一致（其余如铁芯接地套管、温度计和温控器及封环、塞子、释压器、字母标牌等可同时安装。二次控制线路在注油结束后操作）。

（2）测试开关指示的分接位置是否正确（一般测变比确定）。

（3）检查开关在各分接位置时的接触是否良好。

（4）检查开关在各分接位置时线圈的直流电阻，与出厂值比较应无差异。

（5）按开关使用说明书进行安装和其他试验。

（6）开关安装试验完毕后应调整到额定分接。

（7）滤油机、有载开关的安装应严格按照生产厂家使用说明书要求操作。

3.8.12 控制箱的安装和检查

（1）冷却系统控制箱应有两路交流电源，自动互投传动应正确、可靠。

（2）控制回路接线应排列整齐、清晰、美观，绝缘无损伤；接线应采用铜质或有电镀金属防锈层的螺栓紧固，且应有防松装置；连接导线截面应符合设计要求、标识清晰。

（3）控制箱接地应牢固、可靠。

（4）内部断路器、接触器动作灵活无卡涩，触头接触紧密、可靠，无异常声响。

（5）保护电动机用的热继电器的整定值应为电动机额定电流的 1.0～1.15 倍。

（6）内部元件及转换开关各位置的命名应正确并符合设计要求。

（7）控制箱应密封，控制箱内外应清洁无锈蚀，除湿装置工作应正常。

（8）控制和信号回路应正确，并应符合现行 GB 50171—2012《电气装置安装工程　盘、柜及二次回路结线施工及验收规范》的有关规定。

3.9 "真空注油、热油循环及静放"示例

3.9.1 抽真空

（1）抽真空及注油应在无雨、无雪、无雾，相对湿度不大于 75％的天气进行。

（2）真空机组性能应符合下列规定：

1）应采用真空泵加机械增压泵形式，极限真空小于或等于 0.5Pa。

2）真空泵能力不小于 600L/s。

3）宜有 1～3 个独立接口。

（3）启动真空泵对本体进行抽真空：抽真空到 100Pa，进行泄漏率测试：当抽真空至 100Pa 时，关闭箱盖阀门并关掉真空机组，时间 1h 后，记录真空计读数 P_1（采用电子式或指针式真空计），再过 30min，测得 P_2，计算：$\Delta P = P_2 - P_1 \leqslant 3240/M$（$\Delta P$ 为压差；M 为变压器油重，单位为 t）即判定泄漏率合格。

（4）泄漏率测试合格后，继续抽真空至 25Pa 以下（从 25Pa 开始计时，最终压力不大于 13.3Pa），计时维持 48h。每天装附件时间不大于 8h，器身暴露于大气的总安装时间不超过 24h，每超过 8h，延长 12h 抽真空时间。

3.9.2 真空注油

（1）真空注油前，应对绝缘油进行脱气和过滤处理，达到表 3-5 要求后，方可注入变压器中。真空注油前，设备各接地点及连接管道必须可靠接地。

（2）本体安装全真空储油柜的产品按如下过程进行注油：连接注油管路，当本体真空度达到要求后，通过油箱下部阀门注入合格的变压器油，注油速度不宜大于 100L/min，注油温度控制在 50～70℃，注油至距离箱顶 200～300mm 时暂停，关闭本体抽真空连接阀门，将抽真空管路移至储油柜下部呼吸管阀门处，打开储油柜顶部旁通阀门，继续抽真空注油，一次注油至储油柜标准

油位时停止，关闭注油管路阀门，关闭呼吸管管路阀门及真空泵，再关闭储油柜顶部旁通阀（胶囊与本体隔绝连通）。安装吸湿器，将吸湿器连接阀门打开，缓慢解除真空。待变压器油与环境温度相近后，关闭气体继电器工装与本体及储油柜连接阀门，拆除工装（拆除工装时有少量油放出），更换已校验合格的气体继电器。开启继电器与本体及储油柜连接的阀门，从继电器放气塞放出气体。

3.9.3　热油循环

（1）注油完毕后，拆掉真空管路，换上热油循环管路。对变压器本体进行热油循环，循环方式为由下而上连续进行热油循环处理，最后使油质达到标准的规定。

（2）热油循环应同时满足以下规定：热油循环变压器出油口的油温达到60～70℃开始计时，热油循环时间不应少于48h，总循环油量不低于油量的3～4倍。油速为6～8m³/h，热油循环结束后，按要求对所有集气管进行放气。

（3）除热油循环的时间要满足本说明书规定外，油样化验的结果还必须符合表3-5的规定，否则应继续热油循环直到油质符合要求为止。

（4）停止加热，如储油柜油面高度不够时，在真空状态下按储油柜安装使用说明书向储油柜补油（油质符合表3-5的规定），直到油面略高于相应温度的储油柜正常油面为止。

3.9.4　静放

（1）开始计时静放，静放时间不少于168h。静放期间，应从变压器的套管、升高座、冷却装置、气体继电器及压力释放装置等有关部位进行多次放气，并宜启动潜油泵，直至残余气体排尽（储油柜按储油柜安装使用说明书放气）。

（2）关闭储油柜上方用以平衡隔膜袋内外压力的ϕ25mm阀门。安装为本体储油柜配置的吸湿器，按吸湿器安装使用说明书更换硅胶，并打开联通的ϕ25mm阀门。

3.9.5　整体密封检查

在静放的同时对变压器连同气体继电器及胶囊式储油柜进行密封性试验，可采用油柱或干燥空气，在储油柜胶囊内充入干燥空气至20～25kPa，密封试验持续时间应为24h无渗漏。当产品技术文件有要求时，应按其要求进行。

3.10　"安装后检查及试验"示例

3.10.1　安装后的检查

（1）检查所有阀门指示位置是否正确。

（2）检查所有组件的安装是否正确，是否漏油。检查所有密封处是否漏油。

（3）将各接地点接地。检查接地是否可靠，是否有多余的接地点。

（4）铁芯、夹件接地检测。铁芯片和夹件分别由接地装置引至油箱下部接地，可利用接地装置检测铁芯片和夹件的绝缘情况。测量时先接入表计后再打开接地线，避免瞬时开路形成高压，测量后仍要可靠接地。

（5）检查储油柜及套管等的油面是否合适。检查储油柜吸湿器是否通畅。

（6）电气线路的安装。

1）按出厂文件中《控制线路安装图》设置控制回路。

2）对于强迫油循环风冷变压器，按出厂文件中《电气控制原理图》连接控制回路，并逐台启动风扇电机和油泵，检查风扇电机吹风方向及油泵油流方向。油流继电器指针动作灵敏、迅速则为正常。如油流继电器指针不动或出现抖动、反应迟钝，则表明潜油泵相序接反，应给予调整。

3）给温度计座内注入合格的绝缘油后安装温度计：变压器装有两支温度控制器，用以监视变压器油面温度报警和控制变压器温升限值跳闸回路，并带有测量探头，可在总控制室内远方监控油面温度。装有一支绕组温度计，用以监视变压器绕组温升报警和控制变压器温升限值跳闸回路。

4）检查气体继电器、压力释放阀、油表、电流互感器等的保护、报警和控制回路是否正确。

（7）检查其他配套电气设备应符合 GB 50150—2016 的有关规定。

（8）对变压器油的油质进行最后化验，应符合表 3 - 5 的规定。同时测量各线圈的 $\tan\delta$ 值，与出厂值应无明显差异。

（9）变压器外表面清理及补漆。变压器装配完毕后，清除变压器上所有杂物及与变压器运行无关的临时装置，用清洗剂擦洗变压器表面，清除运输及装配过程中沾染的油迹、泥迹，并对漆膜损坏的部位补漆，油漆的牌号、颜色与原来一致。

3.10.2　安装后的试验

（1）根据相关交接试验标准及技术协议规定的测试项目进行试验。

（2）系统调试时对变压器进行的其他高压试验，应与制造厂协商。

（3）缓慢空载升压试验。

1）气体继电器信号触头接至电源跳闸回路，过电流保护时限整定为瞬时动作。

2）变压器接入电源后，缓慢空载升压到额定电压，维持 1h 应无异常现象。

3）再将电压缓慢上升到 1.1 倍额定电压，维持 10min，应无异常现象和响声，再缓慢降压。

4）如现场不具备缓慢升压条件或不具备升压到 1.1 倍额定电压条件，可改为 1h 空载试验。此时如油箱顶层油面温度不超过 42℃，可不投入任何冷却器。

（4）空载合闸试验（冷却器不投入运行）。

1）调整气体继电器，使信号触头接至报警回路，跳闸触头接至继电器保跳闸回路。过电流保护调整到整定值。

2）所有引出的中性点必须大电流接地。

3）在额定电压下进行3～5次空载合闸电流冲击试验，每次间隔时间为5min，监视励磁涌流冲击作用下继电保护装置的动作。

（5）试验结束后，将气体继电器信号触头接至报警回路，调整过电流保护限值。拆除变压器的临时接地线。

（6）试运行。

1）首先将冷却系统开启，待冷却系统运转正常后再投入试运行。

2）试运行时，变压器开始带电并应带一定载荷，即按系统情况可供给的最大负荷。

3）应连续运行24h后试运行结束。

（7）当环境温度过低时，以上试验项目应与制造厂协商是否可以进行。

3.11　"运行"示例

（1）投入运行。当变压器经过试运行阶段后，如果没有异常情况发生，则认为变压器已属于正式投入运行。

（2）强迫油循环风冷变压器。

1）对于强迫油循环风冷变压器应在投运前运行2h，然后停止24h，利用变压器所有组件、附件及管路上的放气塞放气，满足停止时间后拧紧放气塞。

2）在没有开动冷却器情况下，不允许带负载运行，不允许长时间空载运行。

3）运行中如全部冷却器突然退出运行，变压器在额定负载下允许再运行20min。

4）低负载运行时，可以停运部分冷却装置。开动部分冷却装置可带负载见专用部分使用说明书。

（3）运行中储油柜添加油和放油的方法见储油柜安装使用说明书。

（4）变压器运行中的监视。

1）在试运行阶段，经常查看油面温度、油位变化、储油柜有无冒油或油位下降的现象。

2）经常查看、视听变压器运行声音是否正常，有无爆裂等杂音和冷却系统运转是否正常。

3）运行中的油样检查。运行的第一个月，在运行后的1、4、10、30天各取油样化验一次。运行的第二个月至第六个月，每一个月取油样化验一次。以后每三个月取油样化验一次。允许运行的油质最低标准见表3-7。如果运行初期油质下降很快，应分析原因，并尽快采取措施。

表3-7　　　　　　　　　　　　允许运行的油质最低标准

项目	指标
耐压（kV）	≥60
含水量（mg/L）	≤15
含气量（%）	≤2

（5）运行中其他监测项目，按变压器运行规程进行。

（6）变压器运行中的内检。

1）变压器投入运行后，如变压器油的油质未下降到允许运行的最低标准（见表 3-7）和未发现其他异常情况，可不必对变压器进行内检。

2）若变压器油质下降到允许运行的最低标准，应及时进行滤油处理。若密封件失去弹性，发生严重渗漏，必须更换密封件。若在运行中发现有其他异常情况，应及时与制造厂联系，研究处理措施。

3）实施处理措施时，变压器内检按本说明书相关要求进行。

4）内检中要特别注意器身压紧装置是否有松动。

4 换流阀设备安装说明书编审要点

4.1 编审基本要求

4.1.1 应包含的主要内容

（1）编制依据。

（2）适用范围。

（3）设备概况。

（4）安装流程及职责划分。

（5）安装准备。

（6）设备到货验收保管。

（7）安装前接口验收。

（8）阀塔安装。

（9）安装后试验。

4.1.2 编审要点

（1）编制依据。编制依据应为国家、行业、企业最新的规程规范要求，应包含《国家电网有限公司十八项电网重大反事故措施（2018年修订版）》、国家能源局《防止直流输电系统安全事故的重点要求》、招标技术文件及厂家规范性文件等。

（2）适用范围。应明确安装说明书适用的设备型号及所属工程，不应采用厂家通用安装说明书（作业指导书）直接用于具体工程。

（3）设备概况。应描述设备的基本组成，重要技术参数、指标，针对具体工程的设备技术方案等。

（4）安装流程及职责划分。应明确换流阀安装的主要工艺流程，以流程图表示。明确换流阀厂家与安装单位的分工界面，分工界面应符合招标文件相关要求，招标文件未明确的，应按《国网直流部关于明确特高压换流站主设备安装界面分工的通知》（直流技〔2017〕16号）执行，需对分工界面进行调整或进一步细化的，应在安装说明书编制审查过程中明确。

（5）安装准备。应明确换流阀安装前应具备的基本条件，包括不限于阀厅、人员、工器具、材料等应具备的条件：

1）阀厅内土建、装饰及其他辅助设施安装调试已完毕，并验收合格，阀塔安装前，阀厅内暖通空调系统及照明系统应正常投运。阀厅内光线充足应保持微正压，其中温度要求控制在 15～25℃范围，相对湿度要求不大于 60％，阀厅内安装环境要求符合设计及产品技术要求。

2）阀厅顶部钢梁结构已完成彻底清扫和清洁，不能有遗漏的金属件、工具等杂物。

3）电缆沟入口和墙体上的所有的预留孔（换流变压器套管及直流穿墙套管孔洞）应临时封闭良好；阀厅密封性和粉尘度达到产品要求的清洁标准。阀厅 PM2.5 含量数值 24h 平均小于 $50\mu g/m^3$，空气中 $0.5\mu m$ 颗粒物含量不超过 3.52×10^7 个/m。

4）阀厅设备安装时，阀厅开启空调、通风、除尘设备，保证工作环境符合现场安装的技术要求。

5）阀塔吊装作业应使用升降平台车进行，升降平台的工作高度应满足能达到阀厅顶部悬吊钢梁位置。操作阀厅作业车应指定专人驾驶，经培训后方可操作，严禁非指定人员私自驾驶及操作阀厅作业车。

6）换流阀安装过程及安装后阀厅内不得使用汽油、柴油类内燃机升降车、吊车，以保证阀厅的清洁。

（6）设备到货验收保管。应明确设备到货验收的具体要求及现场保管的要求，应与招标文件要求保持一致：

1）组部件、备件应齐全，规格应符合设计要求，包装及密封应良好，防水、防潮功能良好。

2）备品备件、专用工具和仪表应随阀组件同时装运，但应单独包装，并明显标记，以便与提供的其他设备相区别。

3）阀组件外观完好，无锈蚀及机械损伤。连接、固定螺栓应齐全，紧固良好，无松动。

4）阀塔材料外观完好，无锈蚀及机械损伤。

5）阀避雷器外观完好，无锈蚀及机械损伤。

（7）安装前接口验收。应明确换流阀塔吊点、换流阀主进出水管、吊装阀组件的吊轨、光纤槽盒相关验收要求。

1）悬吊阀塔的承重架的开孔尺寸、定位轴线等符合设计要求，接地可靠。预埋件及预留孔符合设计要求，预埋件牢固。

2）阀内冷系统（不含换流阀）已进行管道清洗，内冷管道短接，密封试验合格，满足与换流阀水冷系统对接的条件。

3）阀厅主光缆桥架已安装到位，并完成安装质量检验，转弯半径满足要求，不得有毛刺和尖角。

（8）阀塔安装。应明确换流阀各组件的安装工艺要求：

1）阀塔悬吊绝缘子或悬挂绝缘子安装垂直度、水平度符合规范及产品技术要求，受力均匀，无晃动。

2）阀塔顶部框架及顶、底屏蔽罩、检修平台距顶部框架之间的距离符合产品技术文件要求，其水平度偏差小于 2mm。

3）避雷器及屏蔽罩安装时，按图纸将避雷器、顶部屏蔽罩、十字悬吊在阀厅地面组装完毕。在吊装时注意避免屏蔽罩磕碰。将 U 形管母线固定于十字悬吊与阀塔层间母排之间。

4）阀组件安装时，将阀组件起吊至与顶层组件铝支架同等高度，随后将组件推入铝支架内，并固定在铝支架内；装好一层的两个半层阀并调整找平后，再装下一层。

5）连接铝排安装时，应对连接铝排接触面用酒精、百洁布和毛刷进行清洁处理，在接触表面均匀地涂抹导热膏，将连接铝排固定于阀组件与电抗器之间。

6）螺栓力矩值符合相关规范及产品技术要求，力矩线清晰。螺栓穿向及出扣长度符合 GB 50149—2010《电气装置安装工程　母线装置施工及验收规范》的要求。

7）光纤接入设备的位置及敷设路径应符合产品的技术规定，光缆必须绑扎牢固。

8）所有的钻孔和光纤槽的切割必须在安装光缆之前完成，边缘要去除毛刺。

9）光纤敷设前核对光纤的规格、长度和数量，应符合产品的技术规定，外观完好，无损伤，衰耗测试合格。

10）光纤接入设备前，光纤端头的清洁应符合产品的技术规定。

11）光纤槽盒需可靠接地。安装光缆过程中，最小允许弯曲半径应满足规范要求和产品技术规定。

12）安装过程中光纤不要过度伸出光纤槽边缘，以免会在玻璃纤维中产生拉力。光缆必须用扎带固定在光缆支架上。

13）阀塔水管安装清洁无异物，等电位电极的安装及连线应固定可靠，管道连接应严密，无渗漏。

14）避雷器均压环安装应水平，与伞裙间隙均匀一致。放电计数器与阀避雷器的连接应符合产品技术规定。

15）避雷器安装前需确保已完成交接试验方案，且试验合格。

（9）安装后试验。应明确安装后的检查及试验内容。

4.1.3　有关技术要求

（1）阀塔均压环、屏蔽罩、光纤桥架等金属构件的等电位点应采用单点金属连接，其他固定支撑点应采用绝缘材料且安装可靠，避免造成多点接触环流发热或绝缘裕度不足放电。

（2）新（改、扩）建工程阀厅照明灯具、消防探头、空调通风管道、红外探头、监控摄像头及辅助设施、管线、槽盒等安装位置应远离阀塔，避免运行时异物掉落在阀塔内。

（3）阀塔中水管布置应合理、固定应牢靠，水管与其他物体接触位置应做好防护，避免运行过程中摩擦导致水管磨损漏水。

（4）阀塔内非金属材料不应低于 UL94V-0 材料标准，并按照美国材料和试验协会（ASTM）的 E135-90 标准进行燃烧特性试验或提供第三方试验报告。

（5）阀塔各类光纤应在施工开始前做好防振、防尘、防水、防折、防压、防拗等措施，避免光纤损伤或污染。安装完毕后应对所有的光通道进行光纤衰耗测试，确认阀塔和阀控间光纤衰耗满足要求。若后续改、扩建工程需打开光纤槽盒，槽盒恢复后需对槽盒内所有光纤进行衰耗测试。

（6）新（改、扩）建工程每个阀塔均应预敷设数量充足的各类型备用光纤，备用光纤的长度及存放位置应考虑便于光纤的更换。

（7）换流阀上所有光纤铺设完毕后，在连接前应进行光衰测试，并建立档案、做好记录，光纤（含两端接头）衰耗不应超过厂家设计的长期运行许可衰耗值。

（8）晶闸管换流阀验收时应检查晶闸管触发单元、阻尼电容、阻尼电阻等元件连接可靠，防止因连接松动导致设备放电故障。

（9）换流阀安装期间，阀塔内部各水管接头应用力矩扳手紧固，并做好标记。换流阀及阀冷系统安装完毕后应进行冷却水管道压力试验。

4.1.4 其他要求

厂家安装说明书还应满足招标文件规定的技术工艺指标、智慧安装、数字化、新技术应用及现场服务等方面的要求。

4.2 "设备概况"示例

××换流站极 2 换流阀包括 1 套完整单极的换流阀，极 2 换流阀包括 2 组 12 脉动换流器。换流阀采用二重阀结构，2 个单阀上下排列，6 个二重阀构成一个 12 脉动换流器。图 4-1、图 4-2 为该工程二重阀阀塔的外形示意图。

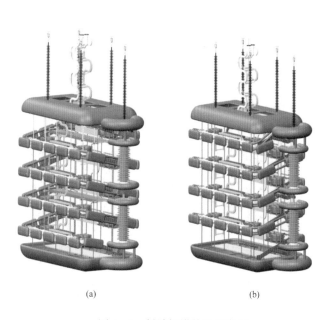

(a)   (b)

图 4-1 低端阀塔外形示意图

（a）电流向下阀塔；（b）电流向上阀塔

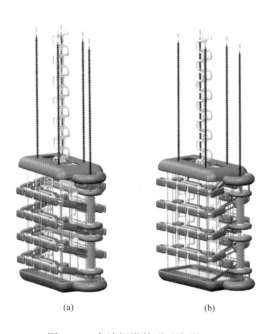

(a)   (b)

图 4-2 高端阀塔外形示意图

（a）电流向下阀塔；（b）电流向上阀塔

该工程极 2 分为 2 个阀厅，极 2 高端阀塔布置如图 4-3 所示，极 2 低端阀塔布置如图 4-4 所示。

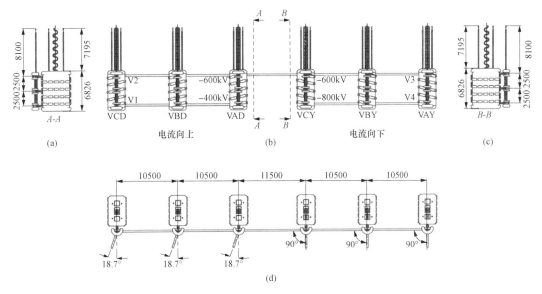

图 4-3　极 2 高端阀塔布置

（a）电流向上阀塔侧视图；（b）阀塔布置（正视图）；（c）电流向下阀塔侧视图；（d）阀塔布置（顶视图）

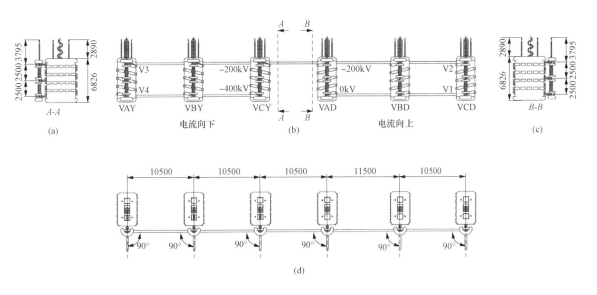

图 4-4　极 2 低端阀塔布置

（a）电流向上阀塔侧视图；（b）阀塔布置（正视图）；（c）电流向下阀塔侧视图；（d）阀塔布置（顶视图）

4.3　"安装流程及职责划分"示例

换流阀阀塔的安装过程比较复杂，具体阀塔安装流程如图 4-5 所示。

换流阀安装换流阀厂家与安装单位的分工界面见表 4-1。

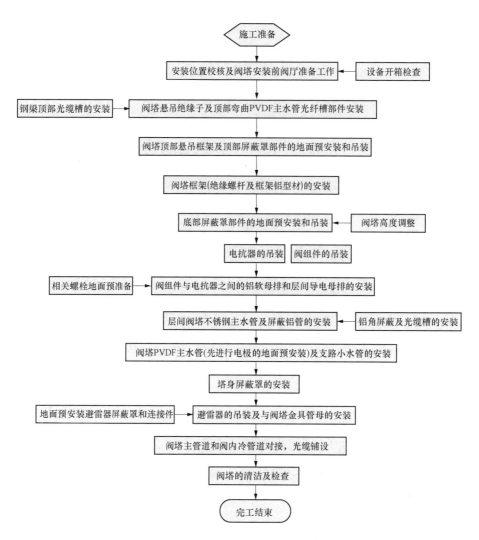

图 4 - 5　换流阀阀塔安装流程

表 4 - 1　　　　　　　　换流阀安装换流阀厂家与安装单位的分工界面

序号	项目	内容	责任单位
一、管理方面			
1	总体管理	安装单位负责施工现场的整体组织和协调，确保现场的整体安全、质量和进度有序	安装单位
2	安全管控	安装单位负责对换流阀厂家人员进行安全交底，对分批到场的厂家人员，要进行补充交底，做到全员交底	安装单位
		安装单位负责现场的安全保卫工作，负责现场已接收物资材料的保管工作	安装单位
		安装单位负责现场的安全文明施工，负责安全围栏、警示图牌等设施的布置和维护，负责阀厅现场作业环境的清洁卫生工作	安装单位
		换流阀厂家人员应遵守国网单位及现场的各项安全管理规定，在现场工作人员着统一工装并正确佩戴安全帽	换流阀厂家
3	质量管控	到货设备质量由换流阀厂家负责，并提供产品合格证明文件	换流阀厂家
		安装质量由换流阀厂家总体把关，安装单位配合，在安装过程中形成安装记录及各项测试报告	换流阀厂家

序号	项目	内容	责任单位
4	技术管控	换流阀厂家提供本站换流阀安装技术支撑，全程参与安装过程，指导安装单位施工	换流阀厂家
		安装单位在换流阀厂家指导下，配备技术人员、专业安装人员，在换流阀厂家指导下，完成设备安装工作	安装单位
5	劳动纪律	安装单位负责与换流阀厂家沟通协商，制定符合现场要求的作息制度，换流阀厂家应严格遵守纪律，不得迟到早退	安装单位、换流阀厂家
6	人员管理	安装单位参与换流阀安装作业的人员，必须经过专业技术培训合格，具有一定安装经验和较强责任心。安装单位向换流阀厂家提供现场人员组织名单及联系方式，便于联络和沟通	安装单位
		换流阀厂家人员必须是从事换流阀设计、制造、安装且经验丰富的人员。入场时，换流阀厂家向安装单位提供现场人员组织机构图，便于联络和管理	换流阀厂家
7	档案资料	安装单位负责根据换流阀厂家提供的换流阀设备安装作业指导书，编写换流阀安装施工方案，并完成相关报审手续。	安装单位
		安装单位负责收集、整理管控记录卡和质量验评表等施工资料	
8	进度管理	为满足安装工艺的连续性要求，换流阀厂家提出加班时，安装单位应全力配合。加班所产生的费用各自承担	安装单位、换流阀厂家
		安装单位编制本工程的换流阀安装进度计划，报监理单位和建设单位批准后实施	安装单位
		换流阀厂家配合安装单位制订每日的工作计划，由安装单位实施。若出现施工进度不符合整体进度计划的，安装单位需进行动态调整和采取纠偏措施，保证按期完成	安装单位
9	物资材料	安装单位负责提供必要场地及货架设施等，用于换流阀安装过程中的材料、图纸、工器具的临时存放	安装单位
		安装单位应提供规格标准、性能良好的施工器具、安全防护用具、起重机具，并对其安全性负责	安装单位
		换流阀厂家提供符合要求的专用工装、吊具等，且数量需满足现场安装进度的需求	换流阀厂家
10	阀厅环境管控	换流阀厂家在换流阀产品出厂运输时应做好防尘、防潮措施；换流阀产品到货时，阀厅屋面、地面、墙面需全部施工完毕，门窗密封良好，室内通风机空调系统安装完毕，投入使用，阀厅内需保持微正压力，阀厅内温度、相对湿度应符合设计要求和产品的安装技术规定	换流阀厂家、安装单位
		安装单位负责所有换流阀产品的卸货、转运、保管、开箱等工作，卸货、转运过程中不得倒置、倾斜、碰撞或受到剧烈的振动，换流阀厂家有特殊规定的应按产品的技术规定进行相关工作。 开箱场地的环境条件应符合产品的技术规定，安装单位负责开箱过程中产生废品、垃圾的处理，保持阀厅的清洁	安装单位
		安装单位及换流阀厂家调试人员在进行换流阀产品安装调试工作时，应保持阀厅大门处于关闭状态，避免外部环境影响换流阀产品	安装单位、换流阀厂家

序号	项目	内容	责任单位
11	阀厅升降平台车使用	换流阀厂家需在现场安装进度提前 15 天提供阀厅升降平台车，并提供产品质量合格证明、安装及其使用维护说明	换流阀厂家
		施工单位专用升降平台操作人员应经过专业培训合格方可上岗，负责配合运行接收升降操作平台验收，施工过程负责做好日常保养维护记录	安装单位
二、安装方面			
1	施工准备	安装单位需要按照换流阀厂家提供需要准备的工器具清单，提前校核完成	安装单位
		由换流阀厂家提供的设备专用安装工器具提前准备好	换流阀厂家
2	阀厅安装环境复检	换流阀厂家、安装单位、监理单位对阀厅安装环境进行复检确认，记录相应湿度、温度、粉尘度。阀厅清洁、封堵、空调通风、照明已安装完成。阀厅交接后，厅内焊接等工作已完工，换流阀开始安装后不得再出现明火、焊接、切割等工作	安装单位、换流阀厂家
		换流阀阀塔安装前，阀冷主管道安装完毕，且完成主管道水压试验	安装单位
3	阀厅钢结构安装尺寸复检	安装单位负责检查沿阀厅的钢屋架、墙面和地面布置的内冷却管道和光线槽盒安装到位。	安装单位
		安装单位负责检查阀悬吊结构安装完毕，螺栓紧固，预留开孔尺寸符合设计要求	
4	设备供货	由于阀厅内场地有限，换流阀厂家需根据现场施工进度，与安装单位合理安排阀设备及其附件到货顺序和时间，保证设备安装的持续性和各工序施工的持续性	换流阀厂家
5	设备到货及清点	换流阀设备到货前，换流阀厂家提前 3 天通知施工单位具体到货时间并提供到货清单。安装单位接通知后，组织吊车等卸货机具。换流阀厂家连同安装单位清点设备，并将换流阀产品移交安装单位放入阀厅内进行保管	换流阀厂家、安装单位
		利用设备开箱板制作简易货架用于摆放安装零件，所有换流阀组件必须存放于阀厅且阀厅内开箱，小型附件及组件整齐摆放在货架上，主要设备按规格、型号及安装要求存放于地面，将原包装的塑料保护膜覆盖在设备上面，避免灰尘进入。器材员应每天对阀厅存放设备进行巡视，及时监视设备状态。标准件、工器具放置于专用的货架上，单独管理	安装单位
6	开箱检查	安装单位负责提出申请进行换流阀产品的开箱，监理单位、物资单位、建设单位、换流阀厂家参与，与装箱单核对，并有相应的记录	安装单位
		换流阀厂家负责开箱后元器件内包装有无破损、所有元器件与装箱单对应无误，所有元器件外观完好无损	换流阀厂家
7	阀塔顶部吊件安装	安装单位按厂家指导要求做好换流阀产品相关吊件的吊装、对接、找平、紧固等工作，包括吊座、特制螺旋扣、光纤过渡桥架、悬挂支架、悬吊绝缘子等	安装单位
		换流阀厂家负责跟踪吊件安装工艺，对安装完成后的安装精度、方向、紧固力矩及部件编号等确认后，方可转入下道工序	换流阀厂家

序号	项目	内容	责任单位
8	阀塔顶部S形水管吊装	安装单位使用电动葫芦和手动葫芦（滑轮）在厂家的指导下进行吊装	安装单位
		换流阀厂家负责指导安装单位施工，对水管的型号、布置方向及部件编号等确认	换流阀厂家
9	顶部屏蔽罩部件安装	安装单位负责顶屏蔽罩工作。通过调节花篮螺栓使顶部框架满足产品技术要求	安装单位
		换流阀厂家配合检查顶部框架的尺寸及水平，指导吊装工作	换流阀厂家
10	阀塔层框架及底屏蔽罩安装	厂家负责做好阀塔层间框架连接件、附件清点检查。按照装配图、产品编号和规定的程序指导安装，负责跟踪绝缘子安装工艺，控制进度和螺栓紧固力矩	换流阀厂家
		确认并指导吊装方法、吊带、吊点选择等	换流阀厂家
		安装单位按厂家指导做好地面组装，从上往下吊装层间框架、完成对接、紧固等工作。吊装过程中，应做好平稳性控制，保证设备安全	安装单位
11	阀塔维修平台的安装	换流阀厂家负责零部件的清点及指导组装、吊装工作，负责确认维修平台进出口位置	换流阀厂家
		安装单位按照图纸将维修平台组装完成，并吊装至图纸要求位置	安装单位
12	阀组件安装	厂家负责提供阀组件（晶闸管、散热器、TCU、RC回路）吊装专用工装，负责指导整个阀组件吊装就位过程，并检查其电气主回路的电流方向符合技术规定，厂家负责阀组件安装的工艺	换流阀厂家
		安装单位负责按照厂家指导吊装阀组件，并做好连接紧固，安装时为保证阀塔的稳定性，两边同时交替将晶闸管组件推入铝支架上，并用螺栓固定，安装单位负责阀组件安装的安全控制	安装单位
13	电抗器组件吊装	换流阀厂家负责提供电抗器组件吊装专用工装，负责指导整个吊装过程	换流阀厂家
		安装单位负责按照厂家指导吊装电抗器组件，并做好连接紧固，安装单位负责电抗器组件安装的安全控制	安装单位
14	阀塔层间附件安装	厂家负责提供阀塔内模块间软连接、层间母线等电气连接点接触面处理工艺要求，并对成品工艺进行确认。厂家负责槽盒、角屏蔽等附件的部件编号确认等	换流阀厂家
		安装单位按照厂家装配图安装层间附件，负责电气连接点的接触面处理及安装，并做好回路电阻记录	安装单位
15	阀避雷器安装	阀避雷器各连接处的金属表面应清洁，无氧化膜，各节位置，喷口方向应符合产品的技术规定，均压环安装应水平，与伞裙间隙均匀一致	安装单位
16	不锈钢水管安装	安装单位安装时将金属主水管表面、管口和内部清洁干净，避免水管内部有杂质、碎屑	安装单位
		换流阀厂家负责指导安装不锈钢水管及其附件	换流阀厂家
17	PVDF冷却水管安装	安装单位负责阀体冷却水管安装，等电位电极的安装及连接应符合产品技术规定，水管在阀塔上应固定牢靠（安装时注意密封圈的安装一定要按照厂家技术规定来执行，防止漏装和装偏现象）	安装单位
		换流阀厂家负责水管安装前确认水管路无杂物遗留，确认临时堵头已拆除，对管路连接部位紧固确认。对过程中的水管对接工艺及本身质量负责	换流阀厂家

序号	项目	内容	责任单位
18	阀塔注水	安装单位负责阀水冷系统的安装，负责阀厅通水前的主水管的清洗工作	安装单位
		换流阀厂家负责确认内冷水注入条件，负责水流量及管路通水后的检查工作，安装单位配合检查	换流阀厂家
19	屏蔽罩安装	安装单位负责屏蔽罩的安装工作，避免磕碰及损伤，并按照厂家屏蔽罩编号顺序进行安装	安装单位
		换流阀厂家负责对屏蔽罩安装完成后的编号位置及外观情况进行确认	换流阀厂家
20	母排安装及接触电阻测试	安装单位负责阀塔母排地面预组装，针对阀厅地面预组装部分打磨、螺栓紧固力矩并测量接触电阻。安装完成后逐点进行接触电阻测试，并记录	安装单位
		换流阀厂家对阀厅内部的母排连接及测试工作进行全程跟踪，对过程中的处理工艺及母排本身质量负责	换流阀厂家
21	金具连接及接触电阻测试	安装单位负责阀避雷器外部电气金具的吊装和接触电阻测试工作	安装单位
22	阀控施工	安装单位负责阀控设备的卸货、转运、吊装就位，换流阀厂家确定就位的正确性。安装单位负责换流阀本体与阀控设备的光纤铺设及信号核对校验工作	安装单位
		厂家负责提供阀控设备自身的标牌、光纤、接线端子、槽盒等附件，并负责指导安装单位完成阀控设备的施工	换流阀厂家
23	光纤敷设前测试	光纤到货后，换流阀厂家应进行地面测试，安装单位、监理单位共同见证	换流阀厂家
24	光缆敷设	安装单位对光纤敷设槽盒检查，槽盒应达到换流阀厂家光缆敷设要求	安装单位
		换流阀厂家负责阀塔光纤敷设前校对，负责光纤接入设备，光纤的弯曲度应符合产品的技术规定。 安装单位负责光纤的敷设工作，并做好成品保护。换流阀厂家负责检查，确保光纤不受损伤	安装单位、换流阀厂家
25	调试试验	安装单位负责换流阀设备所有交接试验，并实时准确记录试验结果，及时整理试验报告，所有试验的项目及内容应符合产品的技术规定。安装试验：水压试验、光纤测试、避雷器试验主通流回路接触电阻测试。 调试试验：晶闸管触发试验、低压加压试验等项目	安装单位
		换流阀厂家负责提供所有交接试验的技术规定，并协助安装单位完成所有的交接试验	换流阀厂家
26	投运前检查	安装单位负责投运前换流阀清理工作，换流阀厂家全程参与	安装单位
		换流阀厂家、安装单位、监理单位、运行单位在投运前，对换流阀进行最后检查	安装单位、换流阀厂家

序号	项目	内容	责任单位
27	问题整改	针对在安装、调试过程中出现的问题，由于产品自身质量问题造成的，换流阀厂家负责及时处理	换流阀厂家
		针对在安装、调试过程中出现的由于安装单位施工造成的不符合要求的问题，安装单位负责处理	安装单位
28	质量验收	在竣工验收时，安装单位负责牵头质量验收工作，安装单位负责提供安装记录及交接试验报告、备品备件、专用工具的移交工作	安装单位
		换流阀厂家配合安装单位进行竣工的验收工作，并提供相应产品的说明书、安装图纸、试验记录、产品合格证及其他技术规范中要求的资料	换流阀厂家

4.4 "安装准备"示例

换流阀安装前应充分做好施工准备，主要包括技术准备、人员准备、工器具准备、消耗性材料准备、施工场地准备等。

4.4.1 技术准备

换流阀安装应指定一到两名专业技术员进行技术指导。施工前安装单位工程技术部门应组织技术员充分熟悉厂家资料、施工图纸，安装单位工程技术部门编制、报批换流阀施工方案并对安装人员进行换流阀安装培训及施工方案技术交底，有条件可组织到其他工程及生产厂家参观学习，充分了解换流阀的制造、安装过程及工作原理。

4.4.2 人员准备

安装单位需组织有丰富的安装施工经验、技术熟练人员进行换流阀的安装。所有施工人员在安装前进行集中培训、相关施工项目的强化培训、技术交底及危险点告知，在对施工环境、施工任务、质量及安全控制要点清楚的情况下才允许施工。

为了做到施工现场各个工序衔接有序，运作合理，项目部需对换流阀安装施工人员进行专业性分工。施工负责人全面协调施工人员、机具材料管理员、质检员、安全员、声像记录员等人员的工作，阀厅施工组总人投入数约 30 人。

升降平台操作、起重指挥、焊接、施工临时电源使用、高空作业及其他机械使用等人员需经项目部专门的交底及培训，考核合格后持证上岗。

4.4.3　工机具准备

阀厅需准备的安装机具主要包括升降平台、电动葫芦、尼龙吊带及其他小型机具等，专用安装工具由换流阀厂家提供，其他常规工具可与其他班组共用，由安装单位统一提供及管理，具体如表 4 - 2 所示。工机具投入使用前必须做好性能测试及保养，确保使用安全。

表 4 - 2　　　　　　　　　　　　　　换流阀安装用工器具表

序号	名称	型号、参数	数量	用途	提供方
1	力矩扳手	79N·m	4 把	螺栓紧固	安装单位
		190N·m	2 把	螺栓紧固	安装单位
		22.5N·m	4 把	螺栓紧固	安装单位
		45N·m	2 把	螺栓紧固	安装单位
		10N·m	2 把	螺栓紧固	安装单位
2	力矩扳手附带 46mm 开口扳手接头	75N·m	2 把	M30 铝螺母紧固	换流阀厂家
3	力矩扳手附带 30、36、40mm 开口扳手接头	10N·m	6 把	水管接头紧固	换流阀厂家
4	9 件套扳手	公制内六角扳手	1 套	螺栓紧固	安装单位
5	9 件套扳手	梅花内六角扳手套装	2 套	螺栓紧固	安装单位
6	14 件套公制两用扳手	10、13、14、16、17、18、19、24mm 为常用	2 套	螺栓紧固	安装单位
7	46mm 开口扳手	46mm	2 件	M30 铝螺母紧固	安装单位
8	55mm 开口扳手	55mm	2 件	阀塔维护平台层压螺母紧固	安装单位
9	30mm36mm 两用扳手	30mm36mm	2 件	水管接头紧固	安装单位
10	快速棘轮扳手	12.5mm 系列	4 件	螺栓紧固	安装单位
11	12.5mm 标准套筒	10、13、14、16、17、18、19、24mm 为常用	2 套	螺栓紧固	安装单位
12	12.5mm 筒头用加长杆	100mm、200mm 各两件	4 件	螺栓紧固	安装单位
13	套筒转接头	12.5mm/10mm/6.3mm	各 2 件	螺栓紧固	安装单位
14	花形旋具套筒头	T45 - M8 花形螺丝用	4 件	螺栓紧固	安装单位
		T30 - M6 花形螺丝用	2 件	螺栓紧固	安装单位
15	活动扳手	15 寸、18 寸	2 把	螺栓紧固	安装单位
16	花形螺丝刀	T20 - M4 花形螺丝用	4 把	螺栓紧固	安装单位
		T30 - M6 花形螺丝用	4 把	螺栓紧固	安装单位
		T45 - M8 花形螺丝用	4 把	螺栓紧固	安装单位
17	一字螺丝刀	大、小各 1 把	2 把	螺栓紧固	安装单位
18	米字螺丝刀	大、小各 1 把	2 把	螺栓紧固	安装单位
19	剪刀		2 把	切割	安装单位
20	板锉		2 把	零件边角修正	安装单位
21	什锦锉		2 套	零件边角修正	安装单位

序号	名称	型号、参数	数量	用途	提供方
22	卷尺	5m量程	4把	长度测量	安装单位
23	皮尺	25m量程	2把	长度测量	安装单位
24	水平尺	1m	2把	水平测量	安装单位
25	直角尺		2把	校正	安装单位
26	钢丝钳		2把	剪切	安装单位
27	尖嘴钳		2把	剪切	安装单位
28	斜口钳		4把	剪切	安装单位
29	木榔头		2把	校正	安装单位
30	橡皮锤		2把	校正	安装单位
31	手锯及若干锯条		2把	校正	安装单位
32	吸尘器	小型	2件	清洁	安装单位
33	吊带	1.6m、2t	2根	吊装	安装单位
		2m、2t	4根	吊装	安装单位
		6m、3t	2根	吊装	安装单位
		8m、3t	2根	吊装	安装单位
34	手动葫芦	2t/6m	2件	吊装	安装单位
35	电动葫芦	28m、1t	2件	吊装	安装单位
36	阀组件吊装带		2件	阀组件吊装	换流阀厂家
37	电抗器吊装工具		2件	电抗器吊装	换流阀厂家
38	电动葫芦	28m、1t	2件	吊装	换流阀厂家
39	升降平台	28m	2台	现场安装	换流阀厂家
40	电极安装工具	长短各1件	2件	散热器及电抗器电极安装	换流阀厂家
41	13mm棘轮扳手		4件		安装单位
42	吊带	3m、2t	6	安装	安装单位
43	吊带	6m、2t	6	安装	安装单位
44	吊带	12m、2t	4	卸货	安装单位
45	电动叉车	3t	2	卸货	安装单位
46	电动叉车	2t	2	转运	安装单位
47	吊车	25t以上	1	卸货	安装单位

4.4.4　消耗性材料准备

为做好成品保护与现场清洁，配置部分消耗性材料，全部由安装单位提供，详见表4-3。

表4-3　　　　　　　　　　　　换流阀安装用消耗性材料表

序号	名称	详细规格	单位	数量	备注
1	塑料布	4m宽	m	300	安装单位提供
2	塑料布	8m宽	m	300	安装单位提供
3	清洁布	2m宽	m	50	安装单位提供
4	无尘清洁纸		kg	10	安装单位提供

序号	名称	详细规格	单位	数量	备注
5	抹布			若干	安装单位提供
6	白凡士林		瓶	20	安装单位提供
7	无水乙醇		瓶	200	安装单位提供
8	一次性鞋套		只	若干	安装单位提供
9	记号笔	红、黑色各100支	支	200	安装单位提供

4.4.5 场地准备

因换流阀安装对施工环境要求较高，故需阀厅土建施工完毕进行了全封闭后并经过业主、监理、电气安装单位验收后方可进行施工安装，换流阀安装时阀厅应满足以下要求：

（1）阀厅内的地坪、屏蔽接地、电缆沟及盖板等设施已经完善。

（2）阀厅已密封（门、穿墙套管入口）和无尘，达到产品要求的清洁标准。PM2.5含量数值24h平均小于≤$50\mu g/m^3$，空气中$0.5\mu m$颗粒物含量不超过3.52×10^7个/m^3。

（3）阀厅通风和空调系统投入使用，厅内保持微正压：8～10Pa，温度在16～25℃为宜，相对湿度10%～60%。

（4）施工及照明电源稳定并有配置备用电源及应急照明。

（5）阀悬挂结构以上的工作，光纤、电缆通道等都已完成。

（6）阀冷却系统已经安装完成，主管道水压试验经过验收并试运行。

（7）阀塔悬挂结构安装调整完毕（顶部钢梁）并已接地。

（8）阀厅四周无爆炸危险、无腐蚀性气体及导电尘埃、无严重霉菌、无剧烈振动冲击源，有防尘及防静电措施。

为保证阀厅的安装环境满足换流阀的安装要求，换流阀安装时应针对以上条件做好以下措施：

（1）阀厅交安前进行全面细致的验收，对设备安装位置、预留孔、清洁度等进行全面检查并及时整改。

（2）换流阀安装开始前对阀厅进行全封闭，每天上下班时对阀厅密封情况进行例行检查，并用吸尘器对阀厅灰尘进行清理。

（3）阀厅安装时，通过空调控制系统将阀厅温度调节至20℃左右，开启风机，保持阀厅微正压，并设专人进行观察，当温度降至16℃或者高于23℃时迅速调节空调系统，每天专人监测阀厅空气温湿度。

（4）换流阀施工时，在阀厅进门处设除尘室，所有施工进入阀厅施工前均应在此进行换鞋及除尘，外来检查人员在此穿上鞋套，所有人员进出时应随手关闭。

（5）设专人进行施工电源的管理及日常巡视，施工电源箱及照明电源箱应上锁，防止因人员的误操作造成停电事故。

4.5 "设备到货验收保管"示例

4.5.1 材料到货检查

在业主、厂家、监理、商检在场的情况下，对到货的设备进行开箱检查。有质量问题的产品做好相应的记录，并要求厂家做相应处理。检查项目如下：

（1）元器件的包装应无破损。

（2）所有元件、附件及专用工器具应齐全，无损伤、变形及锈蚀。

（3）各连接件、附件及装置性材料的材质、规格、数量及安装编号应符合产品的技术规定。

（4）电子元件及电路板应完整，无锈蚀、松动及脱落。

（5）光纤的外护层应完好，无破损；光纤端头应清洁，保护端套应齐全。

（6）屏蔽罩表面应光滑，色泽均匀一致，无凹陷、裂纹、毛刺及变形。

（7）瓷件及绝缘件表面应光滑，无裂纹及破损，胶合处填料应完整，结合应牢固，试验应合格。

（8）阀组件的紧固螺栓应齐全，无松动，有力矩紧固标识。

（9）冷却水管的管口封堵件应齐全。

4.5.2 材料保管

安装单位负责提供货架摆放安装零件，所有换流阀组件必须存放在阀厅并在阀厅内开箱，小型附件、标准件整齐摆放在货架上，主要设备按规格、型号及安装要求存放于地面，将原包装的塑料保护膜覆盖在设备上面，避免灰尘进入。器材员每天应对阀厅存放设备进行巡视，及时监视设备状态。

4.6 "安装前接口验收"示例

换流阀安装前接口验收应满足以下要求：

（1）现场根据换流阀接口图纸验收阀塔吊点钢梁开孔尺寸及孔距是否满足要求，如果不满足要求，要求施工方进行整改，直至合格。

（2）现场验收换流阀主进、出水管安装位置是否满足接头图纸要求，确认换流阀内冷系统管路冲洗及压力测试完毕。

（3）现场确认用于支撑分支光纤槽的角钢满足图纸要求。

（4）现场确认用于吊装阀组件的吊轨安装满足图纸要求。

（5）现场确认主光纤槽盒安装满足图纸要求，确认主光纤槽盒内部光滑、无毛刺。

（6）现场确认用于安装阀塔水管的槽钢安装位置及开孔尺寸满足图纸要求。

4.7 "阀塔安装"示例

4.7.1 阀塔标准件力矩及力矩标识要求

（1）所有螺栓都应按力矩标准做力矩标示（画线做标记），安装人员使用黑色专用记号笔进行标记，标记线不易被擦掉。

（2）检查人员按力矩标准 80％进行复检，复检后用红色专用记号笔进行标记。

注 安装人员完成一道工序且自检完后要画黑色力矩标记线，操作人和此工序力矩标记画线人员要一致。

（3）阀塔标准件力矩如表 4 - 4 所示。

表 4 - 4　　　　　　　　　　　阀塔标准件力矩表

序号	螺栓	紧固力矩（N·m）	备注
1	M6 螺栓	10	
2	M8 螺栓	22.5	
3	M10 螺栓	45	
4	M12 螺栓	79	
5	M16 螺栓	190	
6	M30、M36、M40 小水管接口	10	
7	顶部悬吊块 M16 螺栓	190	
8	水管法兰连接 M16 螺栓	25	

4.7.2 顶部分支光纤槽盒安装

（1）根据设计院提供的光纤主槽盒安装图纸、接口图纸确认阀塔光纤分支桥架的具体位置，阀塔分支桥架安装图如图 4 - 6 所示。

图 4 - 6 阀塔分支桥架安装图

（2）位置确定后，按照图纸对主光纤桥架进行切割、打孔，切割后进行打磨处理，去除边角毛刺。

（3）分支光纤槽安装完毕后，用酒精清洁光纤槽内部，确保光纤槽内清洁无杂物。

（4）在分支光纤槽的对接地方用专用防护胶带进行粘贴防护，防止划伤光纤。

4.7.3 阀塔顶部悬吊部件安装

4.7.3.1 阀塔悬吊绝缘子安装

（1）安装顶部悬吊连接块。

注 连接块安装时，需仔细核对设备安装位置及预留孔位置，如有错误，需整改后方可安装。紧固螺栓标准件为：M16×80 螺栓，M16 双螺母，M16 双平垫圈；紧固力矩：190N·m。

（2）安装前要检查此悬吊块的安装面平整无突起焊渣，悬吊块下部的连接板固定环焊缝均匀，连接板可以自由旋转，和固定环接触面的完全贴合。

（3）在安装完毕的顶部悬吊连接块上悬挂阀塔悬吊绝缘子和避雷器悬吊绝缘子。绝缘子通过 U 形螺栓悬挂，所需标准件为 M20 螺母和 M20 平垫圈，顶部绝缘子、S 形水管装配分别如图 4-7 和图 4-8 所示，顶部绝缘子、S 形水管安装如图 4-9 所示。

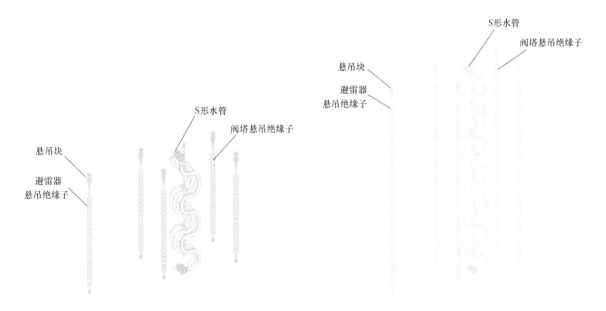

图 4-7 极 2 低端阀塔顶部绝缘子、S 形水管装配图   图 4-8 极 2 高端阀塔顶部绝缘子、S 形水管装配图

注意事项：

（1）绝缘子安装前用一层塑料薄膜包裹绝缘子，防止灰尘，阀塔电气试验前拆除。

（2）悬吊绝缘子安装完之后，绝缘子底部连接孔到阀厅钢梁下表面的距离，通过调整 U 形螺栓来实现。阀塔吊装绝缘子处的吊装长度调整待顶部框架吊装完成后再进行。

（3）悬吊绝缘子安装时要注意不能划伤硅胶绝缘子伞裙。

（4）安装时先安装阀塔一侧的悬吊绝缘子，待阀塔顶部 S 形水管部件安装好后进行另一侧的绝缘子安装。

4.7.3.2 顶部 S 形主水管光纤槽部件吊装

（1）将水管零部件拆箱点数，提前将水管、螺杆、绝缘梁、光纤槽、标准件准备好进行 S 形

(a)　　　　　　　　　　　(b)

图 4 - 9　顶部绝缘子、S 形水管安装图

（a）顶部绝缘子；（b）S 形水管

水管组装。

（2）把顶部 S 形水管运输到待安装阀塔下方，用吊带在弯曲水管部件内的合适位置捆扎固定水管部件；吊带捆绑在弯曲水管部件中间螺杆上支撑梁的紧固螺母上，一般固定三个点即可，注意起吊过程中，不能让水管本体受力；捆绑后的吊带（吊钩悬挂端）距离弯曲水管部件螺杆顶部约 1m。

（3）在阀塔顶部钢梁（吊装阀塔用辅梁）上悬挂电动葫芦，在阀塔顶部钢梁的中间水管安装槽钢上悬挂一手拉葫芦；用电动葫芦吊起水管部件缓缓升起；由于顶部 S 形水管比较长，造成此部件的刚性比较差，水管部件离地前需 2 个人在水管部件的中间和末端辅助推举，保证水管部件中间支撑杆在起升过程中处于直线状态，S 形水管安装、吊装如图 4 - 10 所示。

(a)　　　　　　　　　　　(b)

图 4 - 10　S 形水管安装、吊装图

（a）地面安装；（b）吊装

（4）当水管部件升至安装槽钢附近时，换成手拉葫芦进行吊装；用手拉葫芦的挂钩挂在吊带上，电动葫芦缓慢放下弯曲水管部件，待手拉葫芦的链条由于水管的重量变竖直后，松开电动葫

芦的吊钩，用手拉葫芦把水管部件升起，直至水管支撑螺柱安装到槽钢的安装孔内，将 M30 螺母紧固。

注 在起吊过程中，要密切观察，防止内冷冲洗短接管或者其他元件磕碰破坏水管。

（5）如果阀内冷进出管道之间的冲洗短接管未拆除，安装弯曲水管部件时，需要先把其接头旋转到冲洗短接管的对侧。

4.7.4 顶部框架及顶部屏蔽罩部件安装

4.7.4.1 顶部框架的地面预安装

（1）按照阀塔类型（电流向上和电流向下），在每个阀塔对应的地面摆放两套顶部半框架。

（2）按照图纸要求，摆放好两个半框架位置，安装四块铝排，注意放置方式和放置方向。

（3）螺栓连接四块铝排和两套顶部半框架，标准件：M10×50 六角头螺栓、M10 弹垫、M10 平垫圈和 M10 螺母，先手动连接，待顶部框架的整体尺寸调整好后方可力矩紧固。

（4）按照图纸要求尺寸，调整框架位置；框架宽度：（2376±1）mm，框架对角线：（4085±2）mm，顶部框架安装如图 4-11 所示。

（5）顶部框架的所有尺寸调整好后，紧固两端铝排的螺栓，紧固力矩为 45N·m，然后再按上面步骤测量框架尺寸，测量无问题后，紧固所有的紧固螺栓；

（6）按照图纸要求，安装顶部框架光纤槽、光纤槽支撑板和光纤固定弯板；安装光纤槽支撑板，标准件：M8×40 不锈钢盘头螺钉、M8 弹性垫圈和 M8 平垫圈，手动连接。

图 4-11 顶部框架安装

（7）按照图纸要求，将顶部框架上主通流铝排安装完成。

（8）在安装好的光纤槽支撑板上安装光纤槽和光纤固定弯板，注意光纤固定弯板位于支撑板和光纤槽之间；紧固光纤槽固定螺钉，紧固力矩 10N·m。

（9）安装完成后，要仔细校对，确保顶部框架的两种形式：电流向下和电流向上安装正确。

4.7.4.2 顶部框架和顶部屏蔽罩部件地面预安装

按照图纸要求，在组装好的顶部框架上安装顶部屏蔽罩支撑角铝，标准件：M8×30 不锈钢盘头螺钉、M8 弹性垫圈和 M8 平垫圈，手动连接。

抬起顶部屏蔽罩到顶部框架上侧，缓缓放下；顶部屏蔽罩里边要先进去两个工人，在进行顶部屏蔽罩和支撑角铝对接时，调整支撑角铝的位置。

首先紧固支撑角铝和顶部框架之间的 M8×30 连接螺钉，然后紧固支撑角铝和顶部屏蔽罩之间的 M8×25 固定螺钉，紧固力矩 22.5N·m。

4.7.4.3 顶部框架和顶部屏蔽罩部件吊装

（1）在阀塔顶部钢梁上的两根辅梁上悬挂两台电动葫芦，电动葫芦位于阀塔长度方向的中间。

（2）按照顶部框架左右两半框架槽铝型材内壁之间的距离，制作三个木方，均匀放置在两槽铝之间，确保在顶部框架吊装的过程中，两侧半框架之间始终保持可靠的支撑。

（3）用两根 8m 长吊带捆绑在左右侧半框架的合适位置。捆绑位置：一根 8m 长的吊带捆绑一侧半框架，吊带两端捆绑半框架长度方向的两端。

（4）顶部框架上的吊带捆绑完后，把吊带挂在电动葫芦的吊钩上。

注 挂在吊钩上的吊带需要固定，防止在起吊过程中吊带在吊钩内滑动。

（5）缓缓起吊顶部屏蔽罩和顶部框架组合件，调整吊钩内的吊带，确保顶部屏蔽罩和框架组合件可以水平上升如图 4-12 所示。

注 两台电动葫芦的操作要同步，防止由于操作不同步造成组合件的倾斜。

（6）在顶部屏蔽罩部件起吊的过程中，升降平台在顶部屏蔽罩部件的下面跟随缓缓升起，当顶部屏蔽罩部件到达合适的位置（屏蔽罩顶部距离绝缘子底部大约 100mm）后，停止上升。

（7）一台电动葫芦缓慢上升，使组合件的一侧先缓慢抬起，当此侧屏蔽罩组合件的悬吊板到达合适位置，停止上升，完成与悬吊绝缘子的连接；按此方法，完成另一侧的连接。

(a)　　　　　　　　　　　　(b)

图 4-12 顶部框架和顶部屏蔽罩吊装

（a）顶部屏蔽罩吊装；（b）顶部框架吊装

4.7.5 阀层间框架安装

阀层间框架主要由阀层间层压螺柱、维修平台和底部平台三部分组成，由层压螺柱和铝支撑梁构成框架主体，安装工具：M30 连接螺栓紧固力矩扳手。

4.7.5.1 阀层间层压螺柱及维修平台安装

（1）按照图纸要求，在阀塔顶部框架的螺柱悬吊块安装孔内安装螺柱层压螺柱；M30 绝缘螺柱层压螺柱的紧固力矩为 75N·m。阀塔类型（电流向下和电流向上）不同，阀塔顶部长螺柱层压螺柱，阀塔顶部短螺柱层压螺柱的安装位置也不同；以电流向下阀塔为例，站在避雷器吊点一侧，面对阀塔，左侧顶部框架安装阀塔顶部长螺柱层压螺柱，右侧顶部框架安装阀塔顶部端短螺柱层压螺柱，顶部框架螺柱绝缘螺柱的安装如图4-13所示。

图4-13 顶部框架螺柱绝缘螺柱的安装图

（2）安装不锈钢主水管悬吊螺柱绝缘螺柱。避雷器一侧安装不锈钢主水管悬吊长螺柱层压螺柱，另一侧安装不锈钢主水管悬吊短螺柱层压螺柱。

（3）按照图纸要求，安装阀塔右侧第一阀层的铝型材支撑梁和第二阀层的M30阀层间螺柱绝缘螺柱。

（4）在两螺柱之间放置铝支撑梁，手拿阀塔螺柱层间螺柱，使螺柱的顶部连接套向上完全旋紧后，再向下旋紧阀塔顶部短螺柱的底部连接套，阀塔阀层框架安装如图4-14所示。

（5）力矩紧固阀塔顶部短螺柱的底部连接套，接着力矩紧固底部连接套的M30固定螺母；紧固力矩为75N·m：

1）铝型材支撑梁安装前，检查确保支撑梁中间安装孔内无毛刺和铝屑；

2）铝型材支撑梁的安装方向，铝型材支撑梁两端超出螺柱绝缘螺柱的长度不一样，朝向阀塔外侧的一端长一点；

3）安装螺柱时，先把连接两螺柱的铝型材支撑梁端平，防止由于铝支撑梁倾斜造成螺柱连接倾斜；

图4-14 阀塔阀层框架安装图

4）下层螺柱的顶部连接套在安装前可以涂少量凡士林。

（6）安装完成后，按照图纸要求检查确保阀塔左侧第一阀层铝支撑梁下表面到顶部框架上表面的尺寸为（1013±1）mm。

（7）进行阀塔第一层维修平台的安装：

1）首先，按维修平台组装图纸，把连接杆安装到平台主体的安装孔内；

2）按图纸要求，在连接杆靠近平台主体的圆孔内安装尼龙标准件，手动紧固；

3）把吊带固定到维修平台的合适位置，用电动葫芦吊起平台，放置在升降平台的栏杆上；

4）按照图纸要求对第一层维修平台的定位，在阀塔靠中间的两侧 8 根螺柱绝缘螺柱上做标记；

5）通过升降平台把维修平台起升到靠近平台安装位置，用方形固定绝缘块（一种有螺纹的，另一种无螺纹）把维修平台固定到阀塔内的特定位置；

6）先安装维修平台两端的四个固定点，再进行中间四个固定点的安装；安装完一组绝缘块，调整好位置，紧固绝缘块固定螺母，55mm 自制大扳手紧固。

（8）按照上面关于阀层螺柱和铝支撑梁的安装方法，进行阀塔左侧第一阀层的铝型材支撑梁、第二阀层框架和第三阀层的层间螺柱绝缘螺柱的安装。

（9）按照图纸要求检查确保阀塔右侧第一阀层铝支撑梁下表面到顶部框架上表面的尺寸为（1638±1）mm。

（10）测量上下两层铝支撑梁之间的距离是否满足（1250±1）mm 的要求。

（11）按照上面阀层螺柱和铝支撑梁的安装方法与检查要求，进行阀塔右侧第二阀层的铝型材支撑梁、第三阀层框架和第四阀层的层间螺柱绝缘螺柱的安装。

（12）完成上述阀层框架的安装后，按照第一层维修平台的安装方法，进行第二层维修平台的安装，按照图纸以上述安装顺序将阀塔层间框架搭建。

4.7.5.2 底部平台组装

（1）把六件底板铝型材反面朝上整齐摆放在塑料薄膜上。

（2）按图纸要求测量出底板铝型材固定螺钉的安装位置，并做标记；根据标记位置，在底板铝型材的螺纹孔中塞 M8×30 六角头不锈钢螺栓。

图 4-15 底部平台装配图

（3）把底部铝排按图纸要求放置在底板型材上，底板铝型材上的螺栓要完全对应套进底部铝板上的安装孔内，底部平台装配如图 4-15 所示。

（4）按图纸要求尺寸，调整底部铝排的尺寸，紧固 M8 螺母，紧固力矩为 22.5N·m。

注 从平台一端开始，同时测量铝排两端螺杆安装孔定位尺寸，以确保安装后的平台符合图纸要求。

4.7.6 底部屏蔽罩地面预组装和吊装

4.7.6.1 底部屏蔽罩部件地面预组装

（1）把底部屏蔽罩放置在阀厅地面的塑料薄膜上；按图纸要求把底部屏蔽罩短铝支架安装在底部屏蔽罩的合适位置，紧固标准件：螺钉 M8×30 不锈钢盘头花形螺钉＋1 平垫＋1 弹垫＋1 螺母，先手动紧固，底部平台螺栓连接好后进行力矩紧固，紧固力矩：22.5N·m。

（2）按图纸要求在底部短铝支架上面安装长铝支架，紧固标准件：螺钉 M8×25 不锈钢盘头花形螺钉＋1 平垫＋1 弹垫＋1 螺母，先手动紧固，待底部平台螺栓连接好后进行力矩紧固，紧固力矩：22.5N·m。

注 长铝支架的安装位置和安装孔，底部屏蔽罩装配安装如图 4 - 16 所示。

（3）将安装好的底部平台放置在底部屏蔽罩内的长铝支架上，对应安装孔进行装配；安装紧固标准件：M8×35 不锈钢盘头花形螺钉＋1 平垫＋1 弹垫＋1 螺母，紧固力矩：22.5N·m。

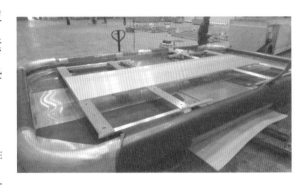

图 4 - 16 底部屏蔽罩装配安装图

4.7.6.2 底部屏蔽罩吊装

（1）用两根 8m 长吊带捆绑在底屏蔽罩铝排与角铝连接处，底部屏蔽罩长度方向的两端用一根吊带固定。

（2）把吊带挂在电动葫芦的吊钩上，启动电动葫芦，把底部屏蔽罩吊离地面，观察底部屏蔽罩是否水平，如果不够水平，放下屏蔽罩到地面上，调整吊带，直至水平，底部屏蔽罩吊装如图 4 - 17 所示。

图 4 - 17 底部屏蔽罩吊装图

（3）缓缓起吊，当底部屏蔽罩接近阀塔底部悬吊螺柱的高度时，停止起吊，调整底部屏蔽罩的位置，使其上的底部铝板螺柱安装孔和底部悬吊螺柱一一对应。

（4）点动操作一侧电动葫芦，先进行一侧 8 根底部悬吊螺柱到底部铝板的穿孔，然后在安装另外一侧 8 根底部悬吊螺柱到底部铝板上。

（5）在起吊底部屏蔽罩的过程中，防止底部悬吊螺柱没进入安装孔，而造成的压缩弯曲。

（6）完成 16 根底部悬吊螺柱的穿孔后，安装 M30 紧固螺母，力矩为 75N·m。

4.7.7 阀塔高度调整

（1）完成阀塔顶部屏蔽罩、阀塔框架和底部屏蔽罩的装配，进行阀塔高度的调整。按图纸要求测量阀塔顶部钢梁下沿到悬吊绝缘子底部吊装孔的尺寸。

（2）根据图纸尺寸用红外测距仪来校核阀塔高度。

（3）通过调整 U 形螺栓的螺母，来调整阀塔高度。

注 单个 U 形螺栓的两个螺母要均匀调整。调整后的阀塔高度和理论值误差不超过 2mm，且 4 个吊点之间的尺寸值的误差也不能超过 2mm。

4.7.8　电抗器和阀组件吊装

4.7.8.1　阀组件吊装

（1）在阀塔顶部钢梁上悬吊两台电动葫芦，用于阀组件的起吊；悬吊位置：阀塔钢梁吊点两侧的辅助吊梁上，阀塔长度方向的中心位置。

（2）把阀组件从包装箱内吊出，对阀组件外观进行整体检查；确保阀组件没有外观质量问题后，起吊阀组件到阀塔的安装位置，阀组件吊装如图4-18所示。

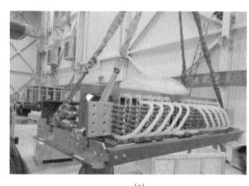

(a)　　　　　　　　　　　　　　　　(b)

图4-18　阀组件吊装图

(a) 阀组件起吊；(b) 吊装至安装位置

（3）事先在阀塔内的组件安装位置站两个人，待组件到达阀塔内的安装位置后，即阀组件的底面略高于阀组件安装位置铝型材支撑梁，升降车上两个工人向阀塔里面推着组件，阀塔内的两个人向阀塔内拉着组件，待组件完全进入阀塔内安装位置的铝支撑梁，缓慢下降电动葫芦，在下落的过程中，组件两侧铝支撑梁的安装孔要和阀塔内的铝型材支撑梁的安装孔对应。

（4）安装阀组件固定螺栓，标准件：M8×40不锈钢花形盘头螺栓、M8弹垫、M8平垫和M8螺母，紧固力矩：22.5N·m。

注　1. 在阀组件起吊的过程中，阀组件下方不能站人。

　　2. 阀组件的吊装遵循先下层后上层的安装方式。

　　3. 阀组件吊装过程中，阀塔两侧受力要均匀，一侧可以先吊装2台组件，再进行另外一侧4台阀组件的吊装，最后完成第一侧2台组件的安装。

　　4. 在进行阀组件的推拉过程中，只能在阀组件U形层压梁的两端和组件两侧铝支撑梁的连接部位、电容支架的两端与铝支撑梁的连接部位两个地方施加力。

　　5. 在推动阀组件的过程中，两侧要受力平均。

　　6. 在阀组件缓慢下落到阀塔框架铝型材支撑梁上的过程中，要始终保证组件两侧铝支撑梁在阀塔框架铝型材支撑梁的正上方，防止由于阀组件两侧用力不均造成阀组件一侧悬空。

　　7. 在进行阀塔两侧最上层阀组件安装时，由于阀组件吊带和顶部屏蔽罩干涉造成最上层阀组件无法完全推进阀塔内部，可以先把阀组件的一半推进阀塔内，缓慢下落阀组件到阀塔框架铝型材支撑梁上，然后外推里拉安装阀组件。建议在阀塔框架铝型材支撑梁上先涂抹少量凡士林润滑，方便阀组件在铝型材支撑梁上滑动。

8. 阀塔吊装的过程中，电动葫芦链条和顶部屏蔽罩干涉，吊装前要在顶部屏蔽罩的干涉位置固定硬纸板，防止链条磨损顶部屏蔽罩的表面。

4.7.8.2 电抗器吊装

（1）电抗器的吊装方式可以参考阀组件的吊装，电抗器吊装如图 4 - 19 所示。

（2）每个电抗器需要四个螺钉固定，标准件：M8×45 不锈钢花形盘头螺栓、M8 弹垫、M8 平垫和 M8 螺母，紧固力矩：22.5N•m。

（3）在起吊电抗器之前，要确保吊装工装已完全勾住电抗器。

图 4 - 19 电抗器吊装图

4.7.9 阀组件和电抗器之间铝软连接安装

主回路母排连接具体处理方法按照国网"十步法"进行。

第一步：逐个接头明确直阻控制值、力矩要求值。

第二步：逐人开展专项技能培训，对承担接头检查和处理工作的具体作业人员进行培训，明确关键工艺控制点，并在地面上模拟装配合格后方可上岗。

第三步：直阻控制值没有明确标准，根据运行经验，对各区域的接头直阻按以下值控制，对超过控制值的接头进行解体检查处理。阀厅区域，测量范围为从换流变阀侧套管至直流穿墙套管，接头直阻按 $10\mu\Omega$ 控制。

第四步：精细处理接触面，检查接触面是否平整，有无毛刺变形；检查镀层是否完好无氧化。用百洁布或 600 目细砂纸打磨接触面；用无水酒精清洁两侧接触面上的污渍。

第五步：均匀薄涂凡士林或导电膏，并将凡士林或导电膏涂抹均匀。用不锈钢尺由里到外刮去多余部分，使两侧接触面上存留的凡士林或导电膏均匀平整。

第六步：均衡牢固复装。涂抹导电膏的接头应在 5min 内完成连接。复装时应更换新的螺栓、弹垫，并注意铜铝接头是否安装有过渡片。用力矩扳手按要求的拧紧力矩上紧螺栓，紧固螺栓时应先对角预紧、再拧紧，保证接线板受力均衡，并用记号笔做标记。

第七步：用规定的力矩对每个接头力矩进行逐一检查，对不满足要求的接头重新紧固并用记号笔画线标记。

第八步：复测直流电阻。检测复装后的接头直阻，应小于控制值，如不符合要求，重复以上工序。

第九步：80％力矩复验。用力矩扳手按 80％的要求力矩复验力矩；检验合格后，用另一种颜色的记号笔标记，两种标记线不可重合。

第十步：全程双签证。各站在每个作业小组中指定一人，全过程负责作业监督，如有不符合规定的操作流程应及时制止。全部工作应有作业人员和监督人员双签证。

4.7.9.1　铝软连接表面处理

（1）用百洁布打磨铝软连接的接触表面。

（2）用蘸上酒精的无毛纸清洁打磨过的接触表面。

（3）用无毛纸在接触表面上涂抹薄薄的一层凡士林。

（4）用相同的方法对电抗器和阀组件的出线铝排进行处理。

注　1. 处理过的接触表面在安装前要有有效的保护措施，防止触摸和脏污。

　　2. 接触表面的处理和安装应在 10min 之内完成。

4.7.9.2　铝软连接安装

（1）铝排接触表面处理完成后，进行铝软连接的安装。

（2）紧固标准件为：M12×90 六角头螺栓、2×M12 大平垫、2×M12 碟形弹垫和 M12 螺母，紧固力矩为 79N•m。

（3）紧固螺栓的安装方向：阀组件出线铝排上的紧固螺栓头朝外，电抗器出线铝排上的紧固螺栓头朝向阀组件。

（4）螺栓紧固顺序如图 4-20 所示。

4.7.9.3　阀塔层间导电铝排安装

（1）从阀塔顶部框架起，按照图纸要求，准备此工序安装所需的零部件：层间铝排 2 件；铝垫块 4 块；铝垫块 2 块；M12×110 六角头螺栓、2×M12 大平垫、2×M12 弹垫和 M12 螺母 16 套。

（2）对接触表面进行处理，可以参考前序铝软连接接触表面处理方式。

（3）按图纸要求从下到上进行导电铝排安装，层间母排安装示意图如图 4-21 所示。

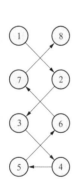

图 4-20　螺栓紧固顺序图

图 4-21　层间母排安装示意图

（4）避雷器侧安装结束后，对非避雷器侧导电铝排进行安装。

4.7.9.4　阀塔主通流回路铝软连接安装

（1）用百洁布打磨铝软连接母排的接触表面。

（2）用蘸上酒精的无毛纸清洁打磨过的接触表面。

（3）用无毛纸在接触表面上涂抹薄薄的一层凡士林。

（4）用相同的方法对层间导电铝排接触面排进行处理。

（5）安装图纸要求进行安装并紧固力矩，力矩为 79N·m。

注 1. 处理过的接触表面在安装前要有有效的保护措施，防止触摸和脏污。

2. 铝排接触表面的处理和安装应在 10min 之内完成。

4.7.10 铝角屏蔽及阀塔内光纤槽安装

4.7.10.1 铝角屏蔽安装

（1）每个阀塔内的铝角屏蔽有两种，左右对称，分别是：分别安装在阀塔两宽度侧面铝型材支撑梁靠近阀塔中间的端部，角屏蔽安装位置如图 4-22 所示。

（2）铝角屏蔽紧固所用标准件：M8×30 不锈钢盘头梅花螺丝、M8 大平垫、M8 弹垫和 M8 螺母，紧固力矩为 22.5N·m。

4.7.10.2 阀塔内光纤槽安装

（1）阀塔内光纤槽有两种，顶部短光纤槽：首先按图纸要求安装阀塔光纤槽固定零件。

（2）安装阀塔内铝型材支撑梁端部光纤槽铝支架；紧固标准件：M10×35 六角头螺栓、M10 大平垫、M10 弹垫和 M10 螺母条，紧固力矩为

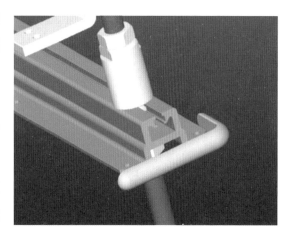

图 4-22 角屏蔽安装位置图

45N·m；铝支架安装时，其侧面和铝型材支撑梁的侧面平行，且铝支架要紧贴 M30 螺柱的底部连接套。

（3）光纤槽铝支架的安装位置：铝型材支撑梁靠近阀塔中间的端部，且和顶部框架下表面安装的光纤槽悬吊铝支架对应的两列铝型材支撑梁端部，光纤槽铝支架安装位置如图 4-23 所示。

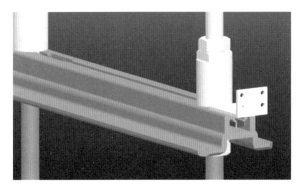

图 4-23 光纤槽铝支架安装位置图

（4）首先安装阀塔最上层的两根光纤槽，阀塔左侧安装长光纤槽（即层间），阀塔右侧安装短光纤槽。

（5）两根光纤槽的接缝处需安装光纤固定板最下层两根光纤槽的末端不需要安装光纤固定板。

（6）进行光纤槽对接时，要确保对接缝隙不能大于 1mm，不允许上下光纤槽之间有错位。

（7）紧固标准件为：M6×20 不锈钢盘头花形螺钉、M6 弹垫、M6 螺母，紧固力矩为 10N·m。

（8）在光纤槽上安装光纤护套，每个光纤槽配一个光纤护套，光纤护套安装如图 4-24 所示。

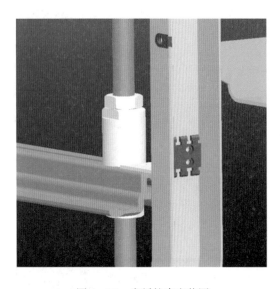

图 4 - 24　光纤护套安装图

4.7.11　阀塔不锈钢主水管安装

检查不锈钢水管是否清洁干净，避免水管内部有杂质、碎屑现象。检查水管管口是否密封保护；检查水管接头螺纹有无杂物，法兰是否损坏。

（1）将阀塔进、出金属水管支架组件固定在铝支架上。

（2）通过水管卡箍将出水管 $D=90mm$、进水管 $D=90mm$ 与阀塔顶部框架连接，并用 M8 自锁螺母固定。

（3）将出水管 $D=90mm$、进水管 $D=90mm$ 的另一端通过铝夹子、M8×40 花型盘头螺钉 M8 弹垫、平垫与阀塔进/出金属水管支架组件固定，阀塔不锈钢水管安装如图 4 - 25 所示。

注　不锈钢水管安装后，夹子松连接，以便于后续水管对接。

4.7.12　阀塔 PVDF 水管安装

4.7.12.1　PVDF 分支小水管安装

（1）PVDF 分支小水管安装前，先检查电抗器、阀组件散热器进、出水孔内的电极是否安装牢固，复检力矩满足技术要求。

（2）按照装配图纸依次安装 PVDF 分支小水管，并用力矩扳手紧固水管接头，紧固力矩 10N・m。

注　1. 每个 PVDF 分支小水管、电极必须装好 O 形密封圈，且 O 形密封圈要平整不能有变形；

　　2. 安装时 PVDF 分支小水管接头要垂直插入电抗器或阀组件散热器进出水孔内，保持 O 形密封圈的完好接触，用力矩扳手紧固 PVDF 螺母，紧固力矩 10N・m，上述安装方法同样适用于电极安装。

图 4 - 25　阀塔不锈钢水管安装图

4.7.12.2　PVDF 层间主水管安装

安装时要把 PVDF 水管调平，PVDF 水管与金属水管接口对齐后再紧固，PVDF 大水管两端距阀塔两端铝夹子距离相同；等 PVDF 水管紧固后，再紧固相应的铝水管夹子。

注　1. 必须装好法兰密封圈，且法兰密封圈要平整不能有变形。

　　2. 安装过程中，要有工作人员一直调平金属水管，直到 PVDF 水管拧紧后，才能紧固金属水管。

　　3. 紧固过程中，要有人把持住 PVDF 主水管，使其一直保持水平不动。

4.7.13 阀塔屏蔽罩安装

（1）首先在地面或者升降车上预安装小屏蔽罩的紧固螺栓：M8×25 不锈钢六角头螺栓和 M8 弹垫，并在螺栓头和屏蔽罩安装板之间预留 1cm 以上的空间，用于安装在阀塔的屏蔽罩支撑架上。

（2）在进行阀塔端部两列屏蔽罩的地面预安装时，注意紧固螺栓的安装方式，两列端部屏蔽罩紧固螺栓的安装位置对称，阀塔小屏蔽罩安装如图 4-26 所示。

（3）按图纸要求把塔身屏蔽罩安装在阀塔屏蔽罩铝支架上，紧固力矩 22.5N·m。

（4）安装阀塔避雷器侧最上面屏蔽罩的支撑架；固定标准件：M8×30 不锈钢盘头花形螺钉、M8 弹垫、M8 平垫和 M8 螺母，如果安装位置有电抗器支撑板，螺钉更换为 M8×50 不锈钢盘头花形螺钉。

图 4-26　阀塔小屏蔽罩安装图

（5）安装完屏蔽罩支架后，进行屏蔽罩的安装，可以先在屏蔽罩的螺栓安装孔上预安装两个螺栓 M8×25 不锈钢六角头螺栓和 M8 弹垫，然后再把屏蔽罩安装到支撑架上。

（6）进行阀塔避雷器侧中间三层屏蔽罩的安装之前，按照图纸要求先把屏蔽罩卡箍固定到屏蔽罩上，一个屏蔽罩上固定四个卡箍。

4.7.14 避雷器吊装及与阀塔对接

4.7.14.1 避雷器吊装

（1）首先在地面进行避雷器顶部连接、避雷器中间连接、避雷器底部连接的预安装。

（2）在地面进行上部避雷器的吊装；用电动葫芦吊起避雷器，放置在地面上，地面上先放置两块木方，用于支撑避雷器，在避雷器吊装之前，一直需要两人扶着，防止避雷器跌倒损坏。

（3）在避雷器的顶部安装避雷器大屏蔽罩和顶部连接。

（4）用电动葫芦挂钩连接避雷器顶部连接，把预安装好的避雷器吊起放置到升降平台上；升降车上始终有人扶着。

（5）起升升降平台到合适的位置，把避雷器顶部连接和避雷器悬吊绝缘子连接。

（6）按照图纸要求在吊装好的上层避雷器底部安装小避雷器屏蔽罩。

（7）准备下层避雷器的预安装，和前序一样，在避雷器顶部安装小避雷器屏蔽罩和中间连接。

（8）用升降平台把避雷器升起安装到上层避雷器的底部。

（9）在下层避雷器的底部安装底部连接和大屏蔽罩。

（10）按照图纸要求，将等电位线连接。

4.7.14.2　避雷器与阀塔对接

（1）在避雷器与阀塔之间安装导电管母线，一端与避雷器的顶部、中间和底部连接板连接，另一端与阀塔避雷器侧的上层母排、中间母排和底部母排连接。

（2）避雷器导电管母线与母排之间的连接紧固标准件：M12×110 六角头螺栓、2×M12 大平垫、2×M12 弹垫和 M12 螺母；避雷器导电管母线与避雷器顶部连接、中间连接和底部连接之间的紧固标准件为：M12×65 六角头螺栓、2×M12 大平垫、2×M12 弹垫和 M12 螺母。

注　导电管母线在安装前，导电管母线与阀塔铝排接触的表面需要处理，具体处理方式参考接触面处理安装步骤。

4.7.14.3　阀塔金具管母线的安装

（1）阀塔金具的安装：

1）按照图纸明细要求准备阀塔安装所需的金具；

2）按照图纸要求把金具安装到每个阀塔避雷器的顶部、中间和底部。

注　1. 所有金具分为电流向上和电流向下两类；

2. 金具铝绞线安装到阀塔和避雷器之间管母线上要严格按照"十步法"要求进行安装。

（2）阀塔之间管母线线的安装：

1）按照图纸要求确定管母线线的数量及安装位置；

2）使用皮尺测量相邻阀塔两管母线金具之间的距离，截取适量的管母线；

3）吊起管母线线，先安装管母线的一端到金具卡头内，然后安装另一端，注意管母线端部安装到金具卡头内要严格按照"十步法"要求进行安装。

4.7.15　阀塔主水管与内冷水管对接

（1）检查内冷水管接口处是否有杂质、碎屑，检查内冷水管管口对接面是否平齐；用百洁布蘸取酒精打磨对接口接触面，打磨后用无毛纸清洁干净。

（2）检查 S 形 PVDF 水管接口处是否有杂质、碎屑，并用无毛纸清洁管口。

（3）将 S 形水管接口与内冷水管接口对齐，进行对接，密封圈位置一定安装到位。

（4）用 M16 螺栓将接口松连接，并将等电位连接片安装到位；调整密封圈位置，直到密封圈中心与接口中心重合。

（5）先对角紧固螺栓 2 遍，再顺时针方向紧固 3 遍，最后逆时针方向紧固 3 遍，确保每个螺栓紧固到位，紧固力矩：25N·m。

4.7.16　光纤铺设

（1）每个阀组件通过一个 MSC 控制晶闸管触发，MSC 安装在每个阀组件 V1 晶闸管级左侧的铝型材支撑梁上，固定标准件：M10×35 六角头螺栓、M10 大平垫、M10 弹垫，紧固力矩为 45N·m。

（2）为了现场安装的方便，一般是将光缆先放置于顶部钢梁，然后将所有光缆通过光缆槽从阀塔一直敷设到 VCE 屏柜中。铺设完成后对所有光缆进行光缆衰减测试，再将测试合格的光缆连接到 VCE 屏柜内相应板卡的对应位置上，确认连接无误后对所有光缆槽进行密封。具体光纤铺设详见光纤安装规范。

1）可以先进行阀塔一侧 4 层阀组件的光纤铺设，然后再进行另外一侧 4 层阀组件的光纤铺设；

2）先铺设最下层阀组件的光纤，逐步向上铺设；

3）阀塔内部每个光纤槽水平段放置一防火包；

4）阀组件到 MSC 的光纤连接，如图 4-27 所示；

5）MSC 上多余的光纤用扎带固定在 MSC 安装的铝型材支撑梁上，如图 4-28 所示。

图 4-27　阀组件光纤安装图

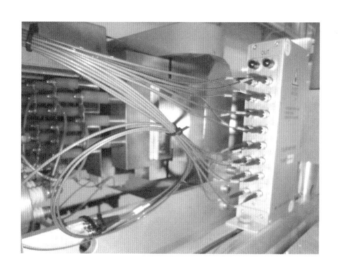

图 4-28　阀组件 MSC 处光纤安装图

4.8　安装后试验

针对阀塔安装过程中和安装结束后要进行以下检查工作：

（1）阀塔导流铝排力矩检查：阀塔导流铝排力矩的检查可在铝排安装完毕后即可进行，安装单位自检画黑线，相关单位（业主、监理、运行单位、施工单位、厂家等）复检后画红线。

（2）阀塔导流铝排接触面接触电阻测试。

（3）阀塔安装检查。

（4）阀塔水路检查：包括安装检查、力矩检查，复检完成后在阀塔水路所有接头上画红线。

（5）阀塔水压试验。

（6）阀塔清洁。

（7）阀塔防火包绝缘电阻测试。

（8）阀塔漏水检测功能测试。

（9）阀塔光纤测试。

（10）阀塔晶闸管级测试。

5 GIS 安装作业指导书编审要点

5.1 编审基本要求

5.1.1 应包含的主要内容

（1）编制依据。

（2）适用范围。

（3）设备概况。

（4）安装流程及职责划分。

（5）安装准备。

（6）安装环境控制。

（7）设备验收储存。

（8）安装前接口验收。

（9）设备单元安装。

（10）支架等安装。

（11）抽真空及充气。

（12）二次施工。

（13）安装后试验。

5.1.2 编审要点

5.1.2.1 编制依据

编制依据应为国家、行业、企业最新的规程规范要求，应包含《国家电网有限公司十八项电网重大反事故措施（2018 年修订版）》、国家能源局《防止直流输电系统安全事故的重点要求》、招标技术文件及厂家规范性文件等。

5.1.2.2 适用范围

应明确安装说明书适用的设备型号及所属工程，不应采用厂家通用安装说明书（作业指导书）直接用于具体工程。

5.1.2.3　设备概况

应描述设备的基本组成，重要技术参数、指标，针对具体工程的设备技术方案等。

5.1.2.4　安装流程及职责划分

应明确 GIS 安装的主要工艺流程，以流程图表示。明确厂家与安装单位的分工界面，分工界面应符合招标文件相关要求，招标文件未明确的，应按《国网直流部关于明确特高压换流站主设备安装界面分工的通知》（直流技〔2017〕16 号）执行，需对分工界面进行调整或进一步细化的，应在安装说明书编制审查过程中明确。

5.1.2.5　安装准备

应列出安装前应具备的施工机具、工器具、材料以及作业人员。

5.1.2.6　安装环境控制

（1）户外安装的 GIS，所有单元的开盖、内检及连接工作应在可移动防尘棚内进行。750kV 及以上 GIS 安装应采用集成式防尘车间（厂家提供），入口处设置风淋室。所有进入防尘室的人员应穿戴专用防尘服、室内工作鞋（或鞋套）。

（2）1000kV GIS 安装：对于新建变电站，应采用移动厂房进行 GIS 串内设备和主母线的安装。GIS 现场对接安装，不能采用移动厂房的区域，须配备移动防尘室（内部带起重设备）或小型移动式防尘棚（内部不带起重设备）。移动厂房和移动防尘室通过验收后方可启动安装施工。对于扩建变电站，也应尽可能采用移动厂房进行安装，如确不具备，则应采用移动防尘室（内部自带起重设备）进行 GIS 串内设备和主母线的安装，分支母线安装时可采用小型移动式防尘棚（内部不带起重设备）进行对接面防护。

（3）现场安装外部环境控制：

1）若 GIS 安装作业区域周边并行开展土建施工，施工单位应对土建施工区域应定期洒水，并用防尘网覆盖裸露的泥土，防止尘土飞扬。

2）施工单位负责在 GIS 安装作业区域四周（距离为 1～2m 区域）安装不透风防尘围挡（建议高度 2.5m），围挡与基础中间裸露的地面用防尘网覆盖，定期洒水。

3）GIS 作业区周边主道路区域，施工单位应定期洒水降尘，并对行驶车辆进行限速，避免车辆行驶过后带起的扬尘对 GIS 安装环境产生影响。

4）基础大板上方电缆沟应由施工单位敷装足够强度的临时盖板。

5）分支母线应在地面完成最大程度对接，减少高位对接工作量。施工单位提供临时厂房，支撑 GIS 厂家开展卸货点检（若有）、单元预对接等工作。

（4）移动厂房（移动防尘室）：

1）厂房内环境温度控制在 15～28℃（极端特殊条件除外），湿度控制在 70% 以下，洁净度为百万级，照明不小于 300lx。

2）袖口处密封结构由单层优化为双层，外层采用涂塑防水帆布，内层采用不透气软质材料，两层袖口均扎紧，保证袖口位置密封可靠。

3）底部密封由外部单层密封优化为内、外双层密封，即：移动厂房下方进行二次密封处理，内部增加软帘；软帘垂下部分紧贴地面并压紧（建议采用沙袋）。

4）工器具定置化管理。

5）施工单位及时清除作业区域范围内设备安装过程中引入或产生的灰尘、垃圾等，禁止出现堆积现象。

6）内部增设空气净化装置。

7）移动厂房外层采用 A 级阻燃岩棉。

8）在整体结构提升基础上，采取快速拆装、方便移动的预制装配式轨道，在确保现场使用安全的前提下，最大限度减少对 GIS 基础和电缆沟施工的影响。

9）行吊采用自稳定控制系统，增加激光测量、自动纠偏智能对接系统，实现精确对接，降低出错率，提升施工效率。在吊装设备无法采用的情况下，辅助采用特殊装置（如低位液压安装托架等），满足 GIS 法兰精密对接要求。

（5）移动防尘棚：移动防尘棚内配备可移动式除尘器、除湿器等装置，保证安装环境满足温度、湿度、洁净度等要求。

5.1.2.7　设备验收储存

GIS 出厂运输时，应在断路器、隔离开关、电压互感器、避雷器和 363kV 及以上套管运输单元上加装三维冲击记录仪，其他运输单元加装振动指示器。冲击记录仪的数值应满足制造厂要求且最大值不大于 $3g$。

5.1.2.8　安装前接口验收

（1）户内 GIS 安装的房间内装修工作应完成，门窗孔洞封堵完成，房间内清洁，通风。

（2）基础复测：

1）三相共一基础标高误差≤2mm，每相独立基础时，同相误差≤2mm，相间误差≤2mm；相邻隔基础标高误差≤5mm；同组间中心线误差≤1mm。

2）预埋件表面标高高于基础表面 1～10mm，相邻预埋件标高误差≤2mm；预埋螺栓中心线误差≤2mm。

3）室内安装时断路器各组中相与其他设备 x、y 轴误差≤5mm。

4）220kV 及以下室内外设备基础标高误差≤5mm，220kV 以上室内外设备基础标高误差≤10mm；室、内外设备基础与 y 轴线误差≤5mm。

（3）1000kV GIS 基础标高误差、基础尺寸及移动车间轨道应符合产品技术文件要求；断路器基础 x、y 轴线误差≤5mm，预埋件（若有）表面标高误差为相邻埋件≤2mm、全部埋件≤5mm；基础预埋件、接地埋件、预留孔洞、电缆沟位置应符合设计要求。

5.1.2.9　设备单元安装

（1）设备组装时所有工器具应登记并由专人负责，避免工器具遗漏在气室内。

（2）选择中间间隔的断路器单元为首个定位及安装间隔，由此间隔向两边依次安装其他间隔。

（3）设备本体就位前，GIS 厂家开展支架复测，确认满足精度要求。

（4）采用导向销精准对接。严格按照 GIS 厂家要求涂抹螺栓紧固剂。

（5）GIS 厂家配备可视化记录装置（包括可视化安全帽、可视化记录仪、管理平台等），实现对接、点检等环节全过程监控和影像记录。

（6）应对可见的触头连接、支撑绝缘件和盘式绝缘子进行检查，应清洁无损伤，对打开的气室内不可视及转弯部位可用内窥镜检查。

（7）预充氮气的筒体应先经排氮，然后充入干燥空气，并保持含氧量在 19.5%～23.5% 时，才允许人员进入内部检查或安装。

（8）所有打开的法兰面的密封圈均必须更换。法兰对接前应先对法兰面、密封槽及密封圈进行检查，法兰面及密封槽应光洁、无损伤，对轻微伤痕可平整。密封面、密封圈用清洁无纤维裸露白布或不起毛的擦拭纸蘸无水酒精擦拭干净。

（9）对接过程测量法兰间隙距离应均匀，连接螺栓应对称初拧紧，初拧完成后应使用力矩扳手按照产品技术文件规定的力矩值将所有螺栓紧固到位，紧固后应标记漆线。

（10）GIS 元件拼装前，应用清洁无纤维白布或不起毛的擦拭纸、吸尘器将气室内壁、盆式绝缘子、对接面等部位清理干净。严禁使用"二手纸（布）"清擦。

（11）采用定制化专用吸尘器开展隐蔽位置清理。

（12）母线安装时，应先检查表面及触指有无生锈、氧化物、划痕及凹凸不平处。如有，应将其处理干净平整，并用清洁无纤维裸露白布或不起毛的擦拭纸蘸无水酒精洗净触指内部，母线对接完成应通过观察孔或其他方式进行检查和确认。

（13）套管吊装时应保护瓷套管不受损伤。

（14）GIS 气室防爆膜喷口不应朝向巡视通道。

（15）GIS 穿墙壳体与墙体间应采取防护措施，穿墙部位采用非腐蚀性、非导磁性材料进行封堵，墙外侧做好防水措施。

（16）户外 GIS 应在法兰接缝、安装螺孔、跨接片接触面周边、法兰对接面注胶孔、盆式绝缘子浇注孔、盲孔等部位涂防水胶。

（17）伸缩节安装：安装型伸缩节的螺栓在充入 SF_6 气体后不应再进行调整。温度补偿型伸缩节的螺栓应在充入 SF_6 气体后按照厂家要求调整，使其具有伸缩性，并在显著位置标明极限变形参数。

（18）SF_6 气体密度继电器安装：密度继电器与开关设备本体之间的连接方式，应满足不拆卸校验密度继电器的要求。户外安装的密度继电器应安装防雨罩（厂家提供）。

（19）三相分箱的 GIS 母线及断路器气室，禁止采用管路连接。独立气室应安装单独的密度继电器。

（20）密度继电器应靠近巡视走道安装，不应有遮挡。密度继电器安装高度不宜超过 2m（距离地面或检修平台底板）。

（21）密度继电器的二次线护套管在弯曲部位最低处应打泄水孔。

5.1.2.10 支架等安装

（1）设备及支架接地：

1）底座及支架应每个间隔不少于2点可靠接地，接地引下线应连接牢固，无锈蚀、损伤、变形，导通良好。明敷接地排水平部分每隔0.5～1.5m，垂直部分每隔1.5～3m，转弯部分每隔0.3～0.5m应增加支撑件。

2）电压互感器、避雷器、快速接地开关，应采用专用接地线直接连接到主接地网，不应通过外壳和支架接地。

3）GIS法兰连接处采用跨接片时，罐体上应有专用跨接部位，禁止通过法兰螺栓直连。带金属法兰的盆式绝缘子可取消罐体对接处的跨接片，但生产厂应提供型式试验依据。

4）分相式的GIS外壳应在两端和中间设三相短接线，套管处三相汇流后不直接接地，其他位置从三相短接线上一点引出接入主接地网。三相汇流母线应与支架绝缘，电气搭接面应采用可靠防松措施。

（2）检修平台：

1）检修平台应可靠接地，平台各段应增加跨接线，导通良好、连接可靠。

2）检修平台距基准面高度低于2m时，防护栏杆高度不应小于900mm；检修平台距基准面高度不小于2m时，防护栏杆高度不应小于1050mm，底部应设有180mm高的挡脚板。

（3）断路器操作平台应可靠接地，平台各段应有跨接线。平台距基准面高度低于2m时，防护栏杆高度不应小于900mm；平台距基准面高度大于等于2m时，防护栏杆高度不应小于1050mm，底部应设有180mm高的挡脚板。

5.1.2.11 抽真空及充气

（1）气室抽真空前，所有打开气室内的吸附剂必须更换；吸附剂罩的材质应选用不锈钢或其他高强度材料，结构应设计合理。

（2）气体充入前应按产品的技术规定对设备内部进行真空处理，真空残压及保持时间应符合产品技术文件要求。

（3）真空泄漏检查方法应按产品说明书的要求进行。

（4）1000kV GIS气室抽真空至30Pa以下（≤30Pa），停泵保压5h后，真空度维持在50Pa以下（≤50Pa），可注气作业。

（5）SF_6气体充注前，必须对SF_6气体抽样送检，抽样比例及检测指标应符合GB/T 12022—2014《工业六氟化硫》的要求。现场测量每瓶SF_6气体含水量，应符合规范要求。

（6）充入SF_6气体时，应根据两侧压力表的读数逐步增压。相邻气室的气室压差应符合产品技术要求。气瓶温度过低时，可对气瓶进行加热。充气至略高于额定压力后，应在表计上画标记线。

5.1.2.12 二次施工

汇控柜内二次芯线绑扎牢固，横平竖直，接线工艺美观，端子排内外芯线弧度对称一致。

5.1.2.13 安装后试验

（1）GIS 密封性检查宜采用局部包扎法进行 SF_6 气体检漏。在包扎静置 24h 后，采用灵敏度不低于 1×10^{-6}（体积比）的检漏仪对 GIS 进行检漏测试，SF_6 气体泄漏量应符合规范和产品技术要求，或以 24h 泄漏量换算年泄漏率，单个气室年泄漏率应符合：100～500kV GIS 不大于 1%，750、1000kV GIS 不大于 0.5%。

（2）1000kV GIS 采用定容积扣罩法进行泄漏率检测。

（3）SF_6 气体注入 GIS 后应对设备内气体进行 SF_6 纯度检测，一般与微水检测同步进行，纯度值应符合产品技术文件和规范要求。

（4）充气至额定压力 24h 后，测量 GIS 中 SF_6 气体含水量。有电弧分解的气室含水量应小于 $150\mu L/L$，无电弧分解的气室含水量应小于 $250\mu L/L$。

（5）GIS 回路电阻、互感器、断路器等部件的交接试验项目和标准应符合 GB 50150—2016《电气装置安装工程　电气设备交接试验标准》、GB 50832—2013《1000kV 系统电气装置安装工程　电气设备交接试验标准》的有关规定。

（6）GIS 本体交流耐压与局部放电试验应同步进行。耐压试验值按出厂试验值的 100% 执行。对于无法与 GIS 本体组装进行绝缘试验的套管、电压互感器、避雷器等部件，应单独进行耐压试验。

5.1.3　有关技术要求

（1）GIS 最大气室的气体处理时间不超过 8h。252kV 及以下设备单个气室长度不超过 15m，且单个主母线气室对应间隔不超过 3 个。

（2）双母线结构的 GIS，同一间隔的不同母线隔离开关应各自设置独立隔室。252kV 及以上GIS 母线隔离开关禁止采用与母线共隔室的设计结构。

（3）三相分箱的 GIS 母线及断路器气室，禁止采用管路连接。独立气室应安装单独的密度继电器，密度继电器表计应朝向巡视通道。

（4）生产厂家应在设备投标、资料确认等阶段提供工程伸缩节配置方案，并经业主单位组织审核。方案内容包括伸缩节类型、数量、位置及“伸缩节（状态）伸缩量—环境温度”对应明细表等调整参数。伸缩节配置应满足跨不均匀沉降部位（室外不同基础、室内伸缩缝等）的要求。用于轴向补偿的伸缩节应配备伸缩量计量尺。

（5）伸缩节安装完成后，应根据生产厂家提供的“伸缩节（状态）伸缩量—环境温度”对应参数明细表等技术资料进行调整和验收。

（6）同一分段的同侧 GIS 母线原则上一次建成。如计划扩建母线，宜在扩建接口处预装可拆卸导体的独立隔室；如计划扩建出线间隔，应将母线隔离开关、接地开关与就地工作电源一次上全。预留间隔气室应加装密度继电器并接入监控系统。

（7）GIS 出厂运输时，应在断路器、隔离开关、电压互感器、避雷器和 363kV 及以上套管运输单元上加装三维冲击记录仪,其他运输单元加装振动指示器。运输中如出现冲击加速度大于3g或不满足产品技术文件要求的情况,产品运至现场后应打开相应隔室检查各部件是否完好,必要时可增加试验项目或返厂处理。

(8)SF_6开关设备进行抽真空处理时,应采用出口带有电磁阀的真空处理设备,在使用前应检查电磁阀,确保动作可靠,在真空处理结束后应检查抽真空管的滤芯是否存在油渍。禁止使用麦氏真空计。

(9)GIS、罐式断路器现场安装时应采取防尘棚等有效措施,确保安装环境的洁净度。800kV及以上GIS现场安装时采用专用移动厂房,GIS间隔扩建可根据现场实际情况采取同等有效的防尘措施。

(10)GIS安装过程中应对导体插接情况进行检查,按插接深度标线插接到位,且回路电阻测试合格。

(11)户外GIS法兰对接面宜采用双密封,并在法兰接缝、安装螺孔、跨接片接触面周边、法兰对接面注胶孔、盆式绝缘子浇注孔等部位涂防水胶。

(12)垂直安装的二次电缆槽盒应从底部单独支撑固定,且通风良好,水平安装的二次电缆槽盒应有低位排水措施。

(13)GIS穿墙壳体与墙体间应采取防护措施,穿墙部位采用非腐蚀性、非导磁性材料进行封堵,墙外侧做好防水措施。

(14)密度继电器应装设在与被监测气室处于同一运行环境温度的位置。对于严寒地区的设备,其密度继电器应满足环境温度在-40～-25℃时准确度不低于2.5级的要求。

5.1.4 其他要求

厂家安装说明书还应满足招标文件规定的技术工艺指标、智慧安装、数字化、新技术应用及现场服务等方面的要求。

GIS厂家应在现场安装中提供气务处理专用机具及环境监测装置,专用机具应集成抽真空、充气及回收功能,满足主设备智慧安装需要,具体内容如下。

5.1.4.1 抽真空技术要求

(1)具有二级抽真空系统,其中:一级泵抽吸能力≥300m³/h;二级泵(罗茨泵)抽吸能力≥1000m³/h;一级泵、二级泵(罗茨泵)均应采用进口优质真空泵。

(2)具备对3个及以上气室同时抽真空的能力,每个抽真空回路应配备电磁阀、真空计,具备独立的真空保持和真空检测能力。

(3)抽真空极限能力≤2Pa。

(4)抽真空管道直径≥DN40,并配备与GIS抽真空接口相匹配的转换接头。

(5)配备防断电逆止电磁阀、数显真空控制指示器。

(6)具备设定真空度值、真空泄漏等工艺参数后一键自动操作并停机报警功能,无须人员干预气体处理过程。具备设备内真空度分时采样自动监测功能，实时监测气室内真空度值变化情况。具备真空泄漏率自动监测功能，实时监测真空检漏阶段气室内真空度值变化情况。

5.1.4.2 充气技术要求

（1）最高充气速率不小于 250kg/h（总）。

（2）充气装置充气口数量不少于 3 个。

（3）具备对 SF_6 气体进行过滤（净化）的能力。

（4）充气后 SF_6 气瓶残留压力应控制在 0.2～0.25MPa。

（5）具备对 SF_6 气体联瓶（4 瓶及以上）加热气化的能力。

（6）每个充气口配置 1 根专用充气管，直径为 DN20，长度不小于 10m。

（7）SF_6 气体联瓶采用自翻转、交替充气方式，实现连续作业。

（8）具备设定充气压力值等工艺参数后一键自动操作并停机报警功能，无须人员干预气体处理过程。具备充气压力值分时采样自动监测功能，实时监测气室内 SF_6 压力值变化情况，出现异常可自动报警停机。具备微水、纯度指标实时监测功能。

5.1.4.3 回收技术要求

（1）$10m^3$ 标准气室的 SF_6 气体回收时间不大于 2h。

（2）储气罐容量不小于 600L。

（3）SF_6 回收压缩机应采用无油压缩机，负压回收压力不大于 1330Pa。

（4）采用先进和环保的液化方式。

（5）具备液态灌装能力，装瓶速率不小于 5 个标准瓶（40L）/h。

（6）具备设定回收压力值等工艺参数后一键自动操作并停机报警功能，无须人员干预气体处理过程。具备实时监测回收过程中回收气体重量功能，自动统计回收率。

5.1.4.4 安装环境监测

设备承包商研制/提供满足串内设备、主母线及分支母线安装用的移动防尘室、防尘车间、防尘棚，满足环境指标（温湿度、洁净度）自动监测。

（1）防尘车间/防尘室内环境温度控制在 15～28℃（极端特殊条件除外），湿度控制在 70% 以下，洁净度为百万级，照明不小于 300lx；内部设置空调及空气净化装置。

（2）移动防尘棚内配备可移动式除尘器、除湿器等装置，保证安装环境满足温度、湿度、洁净度等要求。

（3）防尘装置地面处、袖口处密封结构采用双层。

（4）工器具定置化智能化管理。

（5）移动防尘室、防尘车间、防尘棚配置足量固定式、移动式的温度、湿度、洁净度监测及视频监控装置，应覆盖所有安装作业面。

5.1.4.5 其他技术要求

（1）气务处理主要工艺数据指标的监测精度不应低于表 5-1 要求。

表 5 - 1　　　　　　　　　　　　主要工艺指标在线采集精度要求

序号	数据指标		精度误差要求
1	抽真空	真空度	100～1000mbar 时，≤±30%； 小于 100mbar 时，≤±15%
2	充气	压力值	≤±0.5%
3		SF₆纯度	90%～100%量程内：±0.3%； 10%～90%量程内：±0.5%
4		SF₆露点	≤±2℃
5	回收	回收压力值	大于 1000mbar 时，≤±0.5%； 100～1000mbar 时，≤±1.5%； 小于 100mbar 时，≤±15%
6		SF₆回收重量	≤±1.5%
7	环境监测	温度	≤±2℃
8		湿度	≤±3%RH
9		洁净度（0.5μm）	≤20%
10		洁净度（1μm）	≤20%
11		洁净度（5μm）	≤20%

（2）气务处理专用机具。

1）总功率、总重量、密封性、抗震性、噪声等相关技术指标符合 DL/T 662.1～2《SF₆ 气体回收装置技术条件》及相关标准的要求。

2）抽真空系统、回收系统、充气系统之间不应存在泄漏或构成污染，符合 DL/T 662.1～2 和 GIS 安装工艺要求。

3）外观、标识、防护等符合国家标准、行业标准及特高压工程现场使用要求。

4）行走和支撑适应特高压工程现场实际使用状况。

5）转换接头、抽真空和充气管道等配件满足使用和维护需求。

6）控制系统要求性能可靠、技术先进、使用方便。

（3）设备技术要求。

1）金属封闭开关设备、罐式断路器所有现场安装单元、气室应具备唯一编码，并根据需要在安装单元法兰处设置单元编码（二维码）、充气接口处设置气室编码（二维码）。

2）设备厂家应配合提供二维/三维单元、气室图（模型），提供设备单元、气室清单。

（4）数据接口要求。

1）机具运行参数，及气务处理工艺、安装环境指标应接入智慧工地平台。采用适用于施工现场的高可靠性的数据通信方案，实现安装监测数据的准确及时传输。

2）所有设备模块均集成无线扫码及无线上传功能（通信协议满足智慧工地系统需要）。

3）设备采样及信息无线上传数据间隔不大于 2min。

5.2 "设备概况"示例

5.2.1 设备总体方案

××变电站 GIS 配电装置采用户外型气体绝缘金属封闭开关设备。主接线采用一个半断路器接线方式，由 1 个完整串和 2 个不完整串组成，共计 7 个断路器间隔和 2 个预留间隔。本套 GIS "一"字形排列在"西—东"方向整体板块上。主母线低位布置在板块的南侧，串内主设备"一"字形排列在板块的北侧，汇控柜布置在主设备侧电缆沟道上方。GIS 与外部的连接采用架空进线方式，共包含"两线两变"，两条线路出线，两条主变压器出线。××变电站 GIS 结构布置如图 5-1 所示。

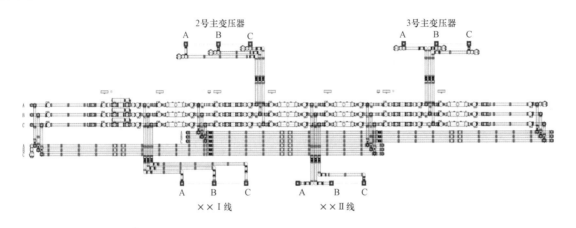

图 5-1　××变电站 GIS 结构布置

该工程的运输形式为装配单元形式总共计 546 个单元（汇控柜不包含在内），269 个气室，包含断路器单元、电流互感器单元、隔离开关—接地开关组合单元、接地开关单元、母线单元、套管单元、电压互感器单元等。以上单元除双断口断路器充 SF_6 气体运输外，其余单元都是充高纯氮气运输。各装配单元数量如表 5-2 所示。

表 5-2　　　　　　　　　　　　各 装 配 单 元 数 量

单元类型	数量	单元类型	数量
断路器单元（两断口）	12	快速接地开关单元	6
断路器单元（四断口，带合闸电阻）	3	接地开关单元	12
断路器单元（四断口，不带合闸电阻）	6	电压互感器单元	8
电流互感器单元	42	套管	12
隔离开关—接地开关组合单元	48	母线	397

5.2.2 设备单元参数

运输单元的外形尺寸、质量及起吊位置如表 5-3 所示。

表 5 - 3　　　　　　　　　　　　　　设 备 相 关 参 数

名称	外形尺寸（mm/mm×mm）	最大质量（kg）	卸车吊装图例
断路器 （两断口）	6754×1935×3710	19 000	
断路器 （四断口，带合闸电阻）	9685×3276×2452	11 150	
断路器 （四断口，不带合闸电阻）	9685×1540×2452	5500	
隔离开关	2817×2817×3452	7000	
电流互感器 （两断口）	1600×1600×2115	3900	
电流互感器 （四断口）	1430×1430×2256		

名称	外形尺寸（mm/mm×mm）	最大质量（kg）	卸车吊装图例
接地开关单元	7779×1900×1620	3984	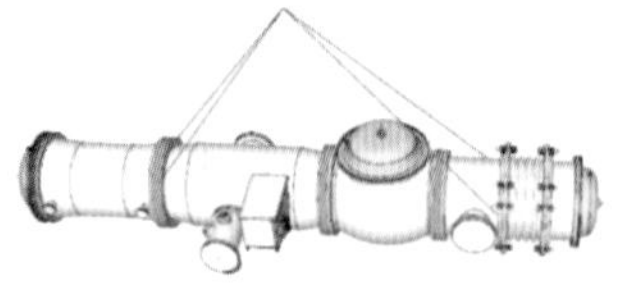
弯头伸缩节	3683×1340×3850	3345	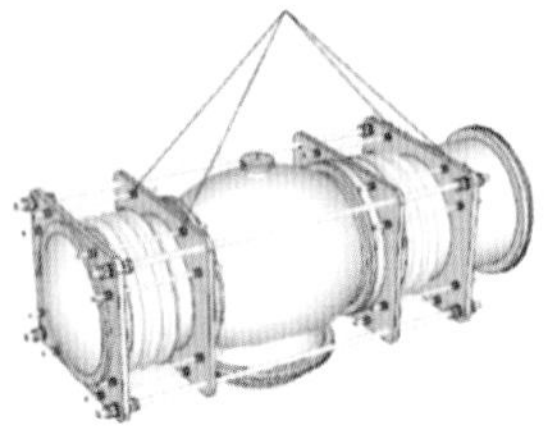
母线单元 （最大单元）	1080×1080×8252	1350	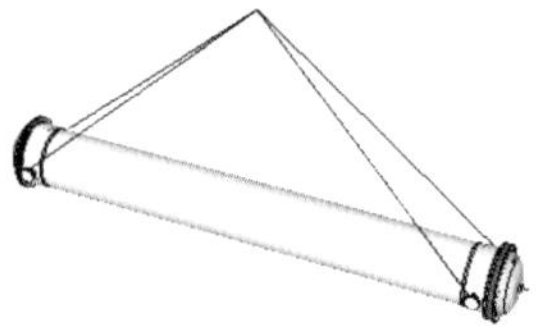
套管支座单元	2308×2308×2674	4100	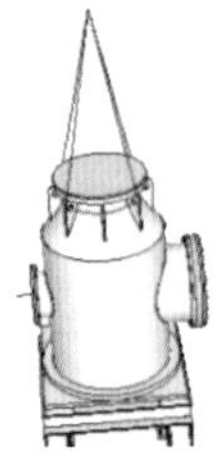
电压互感器单元	2727×1864×1864	2500	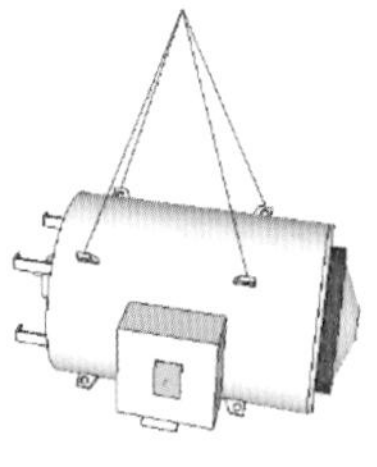
套管单元	1280×1280×12240	4900	

5.3　"安装流程及职责划分"示例

5.3.1　安装流程图

GIS 安装流程如图 5-2 所示。

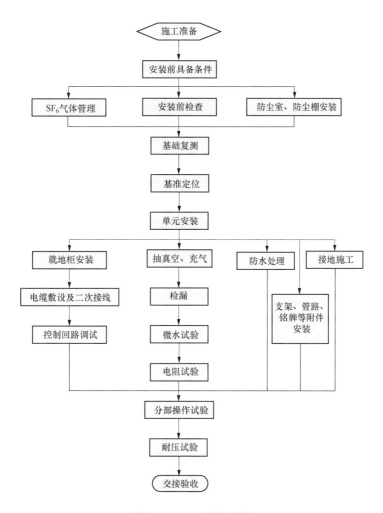

图 5-2 GIS安装流程

5.3.2 安装分工界面

安装单位现场安装，制造厂技术指导。制造厂现场安装的部分，归入工厂装配范围。

5.3.2.1 分工原则

一般原则为：谁安装，谁负责；谁提供，谁负责；谁保管，谁负责，即：

（1）安装单位与制造厂就各自安装范围内的工程质量负责。

（2）除制造厂提供的专用设备、机具、材料外，安装环节所需其他设备、机具、材料由安装单位提供。现场安装过程中所用到的设备、机具、材料等必须在检定有效期之内，并履行相关报审手续。提供单位对所提供的设备、材料、机具的质量负责。

（3）接收单位对货物保管负责（需要开箱的，开箱前仅对箱体负责）。制造厂负责将货物完好、足量的运抵合同约定场所，到货检验交接以后由安装单位负责保管，对于暂时无法开箱检验交接的，安装单位需对储存过程中包装箱的外观完好性负责。

（4）安装单位与制造厂应通力协作，相互支持与配合，负有配合责任的单位，应积极配合主导方开展任务。如配合工作不满足主导方相关要求，双方应积极协调解决，必要时应及时报告监理单位。

5.3.2.2　具体分工界面

GIS 安装分工界面如表 5-4 所示。

表 5-4　　　　　　　　　　　　　　　　GIS 安装分工界面

序号	项目	内容	责任单位
一、管理方面			
1	总体管理	安装单位负责施工现场的整体组织和协调，确保现场的整体安全、质量和进度有序	安装单位
2	安全管理	安装单位负责对 GIS 制造厂人员进行安全交底和培训，为其办理进出现场的工作证。对分批次到场的制造厂人员，要进行补充交底和培训	安装单位
		安装单位负责现场的安全保卫工作，负责现场已接收物资材料的保管工作	安装单位
		安装单位负责现场的安全文明施工，负责安全围栏、警示图牌等设施的布置和维护，负责现场作业环境的清洁卫生工作，做到"工完、料尽、场地清"	安装单位
		GIS 制造厂人员应遵守国家电网公司及现场的各项安全管理规定，在现场工作着统一工装，并正确佩戴安全帽	制造厂
3	劳动纪律	安装单位负责与制造厂沟通协商，制订符合现场要求的作息制度，制造厂应严格遵守纪律，不得迟到早退	安装单位
4	人员管理	安装单位参与 GIS 安装作业的人员，必须经过专业技术培训合格，具有一定安装经验和较强责任心。安装单位向制造厂提供现场人员组织名单，便于联络和沟通	安装单位
		制造厂人员必须是从事 GIS 制造、安装且经验丰富的人员。入场时，制造厂向安装单位提供现场人员组织机构图，便于联络和管理	制造厂
5	技术管理	安装单位负责根据制造厂提供的 GIS 安装作业指导书，编写 GIS 安装施工方案，将制造厂现场安装人员纳入现场施工组织机构，并完成相关报审手续	安装单位
		安装单位负责收集、整理管控记录卡和质量验评表等施工资料	安装单位
		设备本身不符合国家电网公司相关要求、并可能影响安装质量的，安装单位应告知制造厂	安装单位
		制造厂应执行国家、行业及国家电网公司对设备质量管控的相关要求。有特殊要求时，制造厂与建设管理单位协商确定	制造厂
		制造厂负责技术指导，并向安装单位进行产品技术要求交底；安装单位提出的技术疑问，制造厂应及时正确解答	制造厂
6	进度管理	为满足安装工艺的连续性要求，制造厂提出加班时，安装单位应全力配合。加班所产生的费用各自承担	安装单位
		制造厂协助安装单位编制工程的 GIS 安装进度计划，报监理单位审查、建设单位批准后实施	安装单位
		制造厂制订每日的工作计划，安装单位积极配合。若出现施工进度不符合整体进度计划的，制造厂需进行动态调整和采取纠偏措施，保证按期完成	制造厂

序号	项目	内容	责任单位
7	物资管理	安装单位负责提供保管场地，负责保管安装有关的材料、图纸、工器具、返厂工件	安装单位
		安装单位应提供规格标准、性能良好的施工器具、安全防护用具、起重机具，并对其安全性负责	安装单位
		安装单位提供符合要求的相关安装材料、常规工器具、起重机具等	安装单位
		制造厂提供符合要求的专用工装等；制造厂负责按照现场管理要求，将回收件清理运走	制造厂
8	环境管理	安装单位负责除带行车的移动式装配车间之外的防尘室搭建、移动、拆除工作	安装单位
		安装单位负责防尘室内外的环境卫生清洁、除尘工作，包括地板革满铺、孔洞封堵等，为防尘室提供充足和稳定的电源，负责防尘室的进出管控等工作，维护防尘室内暖通、除尘、起重设施的正常运转，确保防尘室处于符合制造厂要求的状态	安装单位
		制造厂提供适用于现场安装的防尘室	制造厂
		制造厂负责带行车的移动式装配车间的搭建、移动、拆除工作	制造厂
		制造厂对安装前的环境进行动态确认	制造厂
9	备品资料管理	制造厂向安装单位移交合同所要求的相关产品资料（含电子版）、备品备件、专用工具、仪器设备，并在监理的见证下，填写移交记录	制造厂
二、安装方面			
1	基础复测	安装单位负责检查混凝土基础达到的强度，负责检查基础表面清洁程度，负责检查构筑物的预埋件及预留孔洞应符合设计要求	安装单位
		安装单位负责检查与设备安装有关的建（构）筑物的基准、尺寸、空间位置	安装单位
2	定位画线	安装单位提供安装和就位所需要的基础中心线，制造厂对主要基础参数和指标进行复核	安装单位
3	设备就位	安装单位负责将设备就位，并校正间隔组件尺寸	安装单位
		制造厂负责指导安装单位将设备精确就位，并复核就位精度符合要求	制造厂
4	设备固定	安装单位负责GIS、汇控柜、爬梯、支架等与基础之间的固定工作，包括埋件焊接、地脚螺栓、化学螺栓等固定方式	安装单位
5	内部检查	制造厂负责拆除断路器机构防慢分卡销，检查断路器传动轴螺栓紧固程度，检查电刷接触有效	制造厂
		制造厂负责GIS罐体的内部点检工作	制造厂
6	导电部件	制造厂负责设备导体的清洁、连接、紧固，安装单位配合	制造厂
7	绝缘部件	制造厂负责盆式绝缘子、支柱绝缘子的清洁、安装、紧固工作，安装单位配合	制造厂
8	内壁卫生	制造厂负责罐体、套管、TA、TV、避雷器等内壁清洁，安装单位配合	制造厂
9	对接面	安装单位负责法兰对接面的螺栓紧固，并达到制造厂技术要求	安装单位
		制造厂负责所有对接法兰面清洁工作，安装单位配合	制造厂
		制造厂负责各类型圈清洁、安装，润滑脂涂抹，安装单位配合	制造厂
		制造厂负责密封脂、防水胶注入工作，安装单位配合	制造厂
10	吸附剂	制造厂负责吸附剂安装、更换工作，安装单位配合	制造厂
11	气路	制造厂负责密度继电器安装，安装单位配合	制造厂
		制造厂负责气管制作、连接、密封工作，安装单位配合	制造厂
		制造厂负责气路阀门安装工作，安装单位配合	制造厂

序号	项目	内容	责任单位
12	连杆安装	制造厂负责 GIS 隔离开关、接地开关传动连杆的安装与调整	制造厂
13	气体处理	安装单位负责抽真空和充气工作，负责过程检测，制造厂指导	安装单位
		安装单位负责现场对接面的气密性试验，制造厂指导	安装单位
14	设备接地	安装单位负责 GIS 壳体、汇控柜、支架等接地引下线的供货和施工，负责相间导流排、法兰跨接等设备自身之间接地的现场连接	安装单位
		制造厂负责相间导流排、法兰跨接等设备自身之间的接地材料供货	制造厂
15	二次施工	安装单位负责 GIS 就地汇控柜、控制柜的吊装就位	安装单位
		安装单位负责 GIS 本体设备间联络电缆的现场敷设	安装单位
		安装单位负责 GIS 本体设备间联络电缆的现场接线	安装单位
		制造厂负责提供 GIS 自身之间的联络电缆及标牌、接线端子、槽盒等附件，包括设备到机构、机构到汇控柜、汇控柜到汇控柜等	制造厂
16	试验调试	安装单位负责 GIS 所有交接试验，并实时准确记录试验结果，比对出厂数据，及时整理试验报告	安装单位
		制造厂负责 GIS 的首次手动和电动操作和调整，首次操作完成后，制造厂对安装单位进行培训和移交	制造厂
		制造厂负责 GIS 自身之间的连锁回路的首次调试	制造厂
17	问题整改	在安装、调试过程中，制造厂负责处理不符合基建和运检要求的产品自身质量缺陷	制造厂
		在安装、调试过程中，安装单位负责处理因施工造成的不符合基建和运检要求的质量缺陷	安装单位
18	质量验收	在竣工验收时，安装单位负责牵头质量消缺工作，制造厂配合	安装单位
		验收过程中发现的缺陷，由制造厂产品本身原因造成的，由制造厂负责整改闭环	制造厂

5.4 "安装准备"示例

5.4.1 人员准备

GIS 安装共有 13 个作业工序，各作业工序的工作内容及人员配置如表 5 - 5 所示。

表 5 - 5   工作内容及人员配置

序号	作业工序	制造厂人员配置	作业内容	施工单位人员配置	作业内容
1	基础验收、画设备安装基准线	1人	根据图纸要求指导划线、测量、记录	6人	（1）基础预埋件水平测量并记录。 （2）画设备安装基准线（依据土建的基准线）

序号	作业工序	制造厂人员配置	作业内容	施工单位人员配置	作业内容
2	设备卸车检验及倒运	1人	（1）设备单元进场协调。 （2）运输振动记录仪验证。 （3）设备单元的预摆放。 （4）资料等物品转交	7人，其中1人负责吊车指挥	（1）设备单元进场卸车。 （2）运输振动记录仪验证。 （3）运输单元拆除外包装并除尘。 （4）所有设备单元的预摆放。 （5）所有设备的二次倒运。 （6）移动厂房移动的轨道拆除与铺设。 （7）向移动厂房倒运和补充设备单元。 （8）包装盖板、SF$_6$气瓶等返厂物资的装车。 （9）厂房移动前使用的支架提前安装。 （10）各个作业面零部件开箱。 （11）各个零部件转运至移动厂房、分支母线处和库房等
3	串内设备单元内、外部检查、单元对接安装	3~4人	（1）装配单元内部清理；对接面的清理。 （2）确认对接后单元中心。 （3）零件安装：安装导体、触头等；及最终确认。 （4）清理法兰密封面、安装密封圈；防腐处理。 （5）法兰对接：使用对中套对接、对中螺母紧固。 （6）内部导体安装及罐体内部清理。 （7）更换吸附剂、落实确认抽真空作业	6~8人	（1）设备单元在基础上的预就位；吊装作业及指挥。 （2）防尘车间外进行单元拆卸外包装，并清理洁净。 （3）工作场地布置：电缆沟铺盖、地板革铺盖、防尘车间内部清洁布置。 （4）设备单元包装盖板的拆卸。 （5）设备母线转运，包装物件的清理转运。 （6）安装作业： 1）搭建登高作业平台； 2）专业起重； 3）法兰螺栓紧固、波纹管的压缩及释放； 4）电阻测量； 5）安装设备支架； 6）更换吸附剂法兰拆装； 7）抽真空作业。 （7）TA试验（由试验单位负责）

序号	作业工序	制造厂人员配置	作业内容	施工单位人员配置	作业内容
4	主母线设备安装	3～4人	（1）拆卸运输支撑导体、安装对接支撑。 （2）罐体内部检查清理。 （3）内部零件的清理，零件安装及最终确认。 （4）对接面的清理，安装对接。 （5）单元对接后找正，确认对接后单元中心、长度符合要求	6～8人	（1）搭建登高作业平台。 （2）专业起重。 （3）法兰螺栓紧固、压缩及释放波纹管。 （4）电阻测量。 （5）安装设备支架。 （6）更换吸附剂法兰拆装。 （7）抽真空作业
5	分支母线清理及安装	3～4人	（1）拆除母线内的运输支撑。 （2）装配单元内部清理；对接面的清理。 （3）确认对接后单元中心。 （4）零件安装：安装导体、触头等；及最终确认。 （5）清理法兰密封面、安装密封圈；防腐处理。 （6）法兰对接：使用对中套对接、对中螺母紧固。 （7）更换吸附剂、落实确认抽真空作业	6～8人	（1）安装前检查清理作业： 1）搭建防尘棚； 2）拆卸包装盖板； 3）对接后的法兰螺栓紧固； 4）专业汽吊起重指挥； 5）电阻测量。 （2）安装对接作业： 1）搭建工作平台； 2）搭建防尘棚； 3）安装设备支架； 4）专业汽车起重机起重指挥； 5）对接后的法兰螺栓紧固； 6）更换吸附剂作业的法兰拆装； 7）抽真空作业
6	气体作业（在厂家指导后，施工方安排专人管理）			6～8人	（1）预抽真空。 （2）二次复抽。 （3）充气作业。 （4）气瓶倒运
7	常规验收试验	1人		施工单位试验调试组及省电科院	（1）TA测量。 （2）电阻测量及过程控制。 （3）QF、QS、QES、QFES特性试验。 （4）SF_6气体微水含量检测。 （5）SF_6气体气密性检测与局部包扎。 （6）近控及连锁调试等各项交接试验

序号	作业工序	制造厂人员配置	作业内容	施工单位人员配置	作业内容
8	平台安装；接地铜排、跨接铜排、三相短路排等安装	1人		6～8人	(1) 设备操作平台安装。 (2) 接地铜排制作与安装。 (3) 三相短路排安装
9	表箱、表座安装	1人		4～6人	(1) 母线表箱安装。 (2) 主母线管路安装。 (3) SF$_6$密度表及表座的装配和安装
10	电缆槽盒安装	1人	(1) 槽盒开孔加工。 (2) 连接钻孔加工	4人	安装连接
11	抹胶、注胶作业			3～4人	(1) 法兰接口粘分页纸和涂胶。 (2) 密封面注道康宁、注硅胶作业
12	二次作业		二次物资、零部件供给及管理		电缆敷设、二次端子接线等
13	焊接作业、化学锚栓安装作业			4～6人	(1) 安装后设备与基础点焊。 (2) 设备地脚、支架与基础的焊接。 (3) 水钻打孔。 (4) 安装固定设备的化学锚栓

5.4.2 技术准备

（1）施工图纸及资料准备全部到位，技术人员和施工人员，特别是组织吊装和吊装人员必须熟悉图纸，了解施工组织措施的内容，弄清安装顺序和安装方法，以及质量、安全、文明施工等要求，牢牢记住技术交底的内容。

（2）GIS抵达现场后选择较为平整的场地，按类别进行堆放。根据施工图纸组织人员，并结合公司程序文件，认真进行设备安装前的各项检查。

（3）GIS安装前必须对全体参建人员进行技术、质量、安全三级交底。

（4）准备安装前召开生产会议，向各相关人员强化吊装方案，讲解吊装过程中需要注意的事项和遇到特殊问题的处理方法，并进行科学有序的人力资源分工，做到分工明确、责任到人。

5.4.3 机具工具准备

常规安装工具如表5-6所示，常规试验使用的专用设备如表5-7所示，安装使用的大型机具如表5-8所示，常用的消辅材料如表5-9所示，制造厂提供的专用工装如表5-10所示。

表 5 - 6 　　　　　　　　　　　　　　常 规 安 装 工 具

序号	设备名称	规格	单位	数量	用途	提供方
1	大功率吸尘器	2500W（并在吸管上配接细头嘴管和加长管）	台	9	清理罐体内部用	施工单位
2	机械千斤顶	5t	台	10	对接	施工单位
		10t	台	8	对接	施工单位
		20t	台	8	对接	施工单位
3	力矩扳手	可调节 800～1200N・m	把	2	拧 M36	施工单位
		可调节 580～840N・m	把	4	拧 M30	施工单位
		可调节 340～500N・m	把	4	拧 M24	施工单位
		可调节 242～324N・m	把	4	拧 M20	施工单位
		可调节 110～200N・m	把	12	拧 M16	施工单位
		可调节 15～80N・m	把	6	拧 M12	施工单位
4	套筒扳头	S8	个	2	拧螺栓	施工单位
		S10	个	4	拧螺栓	施工单位
		S12	个	6	拧螺栓	施工单位
		S13	个	6	拧螺栓	施工单位
		S14	个	6	拧螺栓	施工单位
		S16	个	6	拧螺栓	施工单位
		S17	个	6	拧螺栓	施工单位
		S18	个	8	拧螺栓	施工单位
		S19	个	8	拧螺栓	施工单位
		S24	个	16	拧螺栓	施工单位
		S30	个	6	拧螺栓	施工单位
		S36	个	6	拧螺栓	施工单位
		S46	个	6	拧螺栓	施工单位
		S55	个	2	拧螺栓	施工单位
5	内六角套筒扳头	3	个	5	拧螺栓	施工单位
		4	个	5	拧螺栓	施工单位
		5	个	5	拧螺栓	施工单位
		6	个	8	拧螺栓	施工单位
		8	个	8	拧螺栓	施工单位
		10	个	8	拧螺栓	施工单位
		12	个	4	拧螺栓	施工单位
		14	个	4	拧螺栓	施工单位
6	接长杆	250mm（1/2″）	个	5	拧螺栓	施工单位
		250mm（3/8″）	个	5	拧螺栓	施工单位
		150mm（1/2″）	个	5	拧螺栓	施工单位
		150mm（3/8″）	个	5	拧螺栓	施工单位

序号	设备名称	规格	单位	数量	用途	提供方
7	换相接头	3/8~1/2	个	3	拧螺栓	施工单位
		1/2~3/8	个	3	拧螺栓	施工单位
		3/4~1/2	个	3	拧螺栓	施工单位
		1/2~3/4	个	3	拧螺栓	施工单位
8	棘轮扳手	36mm	把	8	拧螺栓	施工单位
		30mm	把	16	拧螺栓	施工单位
		24mm	把	20	拧螺栓	施工单位
		19mm	把	20	拧螺栓	施工单位
		18mm	把	20	拧螺栓	施工单位
		17mm	把	6	拧螺栓	施工单位
		16mm	把	6	拧螺栓	施工单位
		14mm	把	4	拧螺栓	施工单位
		13mm	把	8	拧螺栓	施工单位
		12mm	把	4	拧螺栓	施工单位
		10mm	把	4	拧螺栓	施工单位
		8mm	把	4	拧螺栓	施工单位
9	内六角扳手	3mm	把	5	拧螺栓	施工单位
		4mm	把	5	拧螺栓	施工单位
		5mm	把	10	拧螺栓	施工单位
		6mm	把	10	拧螺栓	施工单位
		8mm	把	5	拧螺栓	施工单位
		10mm	把	8	拧螺栓	施工单位
		12mm	把	5	拧螺栓	施工单位
		14mm	把	2	拧螺栓	施工单位
10	双头扳手（开口宽度）	8mm×10mm	把	4	拧螺栓	施工单位
		12mm×14mm	把	4	拧螺栓	施工单位
		13mm×15mm	把	4	拧螺栓	施工单位
		16mm×18mm	把	10	拧螺栓	施工单位
		17mm×19mm	把	10	拧螺栓	施工单位
		22mm×24mm	把	14	拧螺栓	施工单位
		27mm×30mm	把	14	拧螺栓	施工单位
		36mm	把	8	拧螺栓	施工单位
		46mm	把	8	拧螺栓	施工单位
		50mm	把	6	拧螺栓	施工单位
		55mm	把	8	拧螺栓	施工单位
		65mm	把	4	拧螺栓	施工单位
		80mm	把	4	拧螺栓	施工单位
11	活动扳手	8寸	把	6	拧螺栓	施工单位
		10寸	把	6	拧螺栓	施工单位
		12寸	把	6	拧螺栓	施工单位
		18寸	把	6	拧螺栓	施工单位

序号	设备名称	规格	单位	数量	用途	提供方
12	梅花扳手	8mm×10mm	把	4	拧螺栓	施工单位
		12mm×14mm	把	4	拧螺栓	施工单位
		13mm×15mm	把	4	拧螺栓	施工单位
		16mm×18mm	把	8	拧螺栓	施工单位
		17mm×19mm	把	6	拧螺栓	施工单位
		22mm×24mm	把	12	拧螺栓	施工单位
		27mm×30mm	把	12	拧螺栓	施工单位
		36mm	把	6	拧螺栓	施工单位
13	钢尺	150mm	把	2	安装用	施工单位
		300mm	把	4	测量	施工单位
		1000mm	把	4	测量	施工单位
14	钢卷尺	3m	把	8	测量	施工单位
		5m	把	4	测量	施工单位
		10m	把	4	测量	施工单位
		50m	把	1	测量	施工单位
15	游标卡尺	500mm	把	1	测量	施工单位
16	深度尺	500mm	把	1	测量	施工单位
17	角尺	500mm×250mm	把	4	测量	施工单位
18	水平尺	1m	把	6	测量	施工单位
19	水平仪		台	1	测量	施工单位
20	经纬仪		台	1	测量	施工单位
21	划线墨斗		个	2	画线	施工单位
22	温度/湿度计		个	4	监测	施工单位
23	线锤		个	12	对接	施工单位
24	万用表		个	2	测量	施工单位
25	塞尺		个	1	测量	施工单位
26	头灯		个	15	清理检查	施工单位
27	临时照明		个	4	安装	施工单位
28	丝锥及板牙	M3～M36	套	2	安装	施工单位
29	螺丝刀	大	把	若干	安装	施工单位
		中	把	若干	安装	施工单位
		小	把	若干	安装	施工单位
30	钳工锤	木槌、橡皮锤、铁锤	把	若干	安装	施工单位
31	撬棍		把	若干	开箱	施工单位
32	电源盘	220V，380V	个	16	安装	施工单位
33	安全带		条	若干	登高	施工单位
34	锁扣	M30	个	4	吊装	施工单位
		M24	个	12	吊装	施工单位
		M20	个	12	吊装	施工单位
		M16	个	12	吊装	施工单位

序号	设备名称	规格	单位	数量	用途	提供方
35	手拉葫芦	3t	个	10	吊装	施工单位
		5t	个	10	吊装	施工单位
		10t	个	10	吊装	施工单位
36	台钻	φ20mm	台	1	钻孔	施工单位
37	尼龙吊绳	1t、2m	条	若干	吊装	施工单位
		1t、4m	条	若干	吊装	施工单位
		3t、1m	条	若干	吊装	施工单位
		3t、4m	条	若干	吊装	施工单位
		3t、6m	条	若干	吊装	施工单位
		5t、4m	条	若干	吊装	施工单位
		5t、6m	条	若干	吊装	施工单位
		承重20t，长15m	条	若干	吊装	施工单位
38	钻头	φ8~φ20mm	个	足量	钻孔	施工单位
39	打磨机		台	2	打磨	施工单位
40	磨光片		片	若干	打磨	施工单位
41	冲击钻及手电钻		台	1	钻孔	施工单位
42	水钻机		台	4	钻孔	施工单位
43	水钻头		个	足量	钻孔	施工单位
44	砂轮机		台	1	打磨	施工单位
45	剥线钳		把	若干		施工单位
46	冷压钳		把	若干		施工单位
47	手虎钳		把	若干		施工单位
48	钢丝钳		把	若干		施工单位
49	尖嘴钳		把	若干		施工单位
50	涨钳（直口/鹰钩）	内涨、外涨	把	各2		施工单位
51	剪刀		把	4		施工单位
52	台虎钳及操作台		个	1		施工单位
53	管子台虎钳		个	1		施工单位
54	锉刀	扁锉；半圆锉；三角锉；整形锉（五组一套）	套	若干		施工单位
55	钢锯架		把	2		施工单位
56	气动注胶枪		把	2	注胶	施工单位
57	手动注胶枪		把	8	对接	施工单位
58	电焊机		台	1	焊接	施工单位
59	电焊面罩		个	1		施工单位
60	电焊钳		个	1		施工单位
61	焊割两用炬		个	1		施工单位
62	乙炔发生器		个	1		施工单位
63	氧气减压器		个	8	充气	施工单位
64	充气软管		m	30	充气	施工单位

序号	设备名称	规格	单位	数量	用途	提供方
65	人字梯	2m	个	3	组装	施工单位
66	工作平台		个	4	放工具/清理用	施工单位
67	充放气接头		个	15	抽真空、充气	施工单位
68	电动扳手		个	若干	拧螺栓	施工单位
69	铝合金升降梯		把	3	登高	施工单位
70	裁纸刀		把	20		施工单位
71	钢丝刷		把	足量	清理	施工单位
72	拉铆枪		把	1	装铭牌	施工单位
73	20cm 铁盆		个	10	清洗	施工单位
74	验电笔		个	2	测试	施工单位
75	对灯		个	2		
76	电缆放线架		套	4	安装用	施工单位
77	电缆断线钳		把	1	安装用	施工单位
78	气动注胶枪		把	2	注胶	施工单位
79	搬运小车		台	1	安装用	施工单位
80	手动液压叉车		台	2	安装用	施工单位
81	热熔焊工具		套	足量	安装用	施工单位
82	枕木		个	足量	安装用	施工单位
83	工具包		个	足量	安装用	施工单位
84	现场脚手架		个	若干	安装用	施工单位
85	室内库房（带货架）	150m²			施工中	施工单位

表 5-7　　　　　　　　　　常规试验使用的专用设备

序号	设备名称	用途	提供方	使用时间
1	SF₆气体纯度测试仪及操作人	气体纯度分析	施工单位	充气前，充气后
2	SF₆气体检漏仪及操作人员	检漏	施工单位	充气后
3	SF₆气体检漏仪及操作人员	检漏	施工单位	充气后
4	SF₆气体水分测量仪及操作人员	水分测量	施工单位	充气后
5	回路电阻测试仪及操作人员	测电阻	施工单位	组装中
6	开关机械特性测试仪及操作人员	特性试验	施工单位	安装后
7	绝缘电阻表及操作人员	绝缘电阻测量	施工单位	安装后
8	TA 伏安特性测试仪及操作人员	现场 TA 线圈特性试验	施工单位	组装中
9	局部放电测试仪及操作人员	设备试验	试验单位	组装后
10	工频试验变压器及操作人员	设备试验	试验单位	组装后
11	二次控制回路耐压仪器及操作人员	控制回路耐压试验	施工单位	二次调试后

（注：表5-7中序号1、2、3、4的下标应为 SF_6。）

表 5-8　　　　　　　　　　安装使用的大型机具

序号	设备名称	规格	单位	数量	用途	提供方	使用时间
1	空气干燥设备	可移动	台	1	控制湿度	施工单位	必要时
2	空气压缩机		台	2	注胶用	施工单位	

续表

序号	设备名称	规格	单位	数量	用途	提供方	使用时间
3	真空泵及操作者（带电磁阀）	30～70L/s	台	12	抽真空	施工单位	组装时
4	SF₆气体回收装置及操作者	可移动（液压储气罐）	台	1	回收气体	施工单位	组装时
5	汽车起重机及司机	100～150t	台	若干	起重	施工单位	卸车、组装时
		50～70t	台	若干	起重	施工单位	卸车、组装时
		25t	台	若干	起重	施工单位	卸车、组装时
6	汽车起重机斗车或升降车		台	若干	组装	施工单位	组装时
7	气体运输小车及人员		台	12		施工单位	组装时
8	充气用加热装置		套	16	充气用	施工单位	充气时

表 5 - 9　　　　　　　　　　　　常 用 的 消 辅 材 料

序号	名称	规格	数量	用途	提供方
1	电力脂		若干	接地	施工单位
2	无水酒精	纯度99.7%	若干	清洁罐体及零部件	施工单位
3	百洁布		若干	组装	施工单位
4	尼龙手套		若干	装配及	施工单位
5	透明塑料薄膜	双层（筒状）幅宽：2m	足量	组装封罐口	施工单位
6	塑料薄膜（PE保鲜膜）	幅宽1m	足量	组装封罐口 用于防尘车间内	施工单位
7	绑扎用塑料及塑料袋		若干	检漏包扎	施工单位
8	氮气	99.99%以上	足量	组装完成后破真空；处理水分	施工单位
9	抹布		若干		施工单位
10	砂纸或纱布800号、600号、400号、120号		若干	组装	施工单位
11	记号笔	红、黑	若干	组装	施工单位
12	透明胶带		若干	组装	施工单位
13	美纹纸胶带（窄）		足量	涂胶	施工单位
14	美纹纸胶带（宽）		足量	粘盆子	施工单位
15	酒精壶		若干	清洁	施工单位
16	黑色毛刷	不掉毛	若干	清洁	施工单位
17	电工胶带		若干		施工单位
18	克里斯汀海绵滚刷		若干	对接涂油	施工单位
19	法兰密封胶	乐泰347	100瓶	法兰密封	新东北
20	螺纹锁紧固剂	乐泰243	20瓶	螺纹紧固	新东北
21	7501高真空硅脂	20g	50瓶	对接	新东北
22	无毛纸		50箱	清理	新东北

续表

序号	名称	规格	数量	用途	提供方
23	杜邦纸		若干	清理	新东北
24	VP980 润滑脂		20 瓶	对接	新东北
25	吸附剂		足量	现场更换	新东北

表 5 - 10   **制造厂提供的专用工装**

序号	工装编号	名称	套数	用途
1		移动防尘车间	1	安装设备用
2		集装箱仓库	1～2	存储近期工作零件
3	95416	导体车	4	罐内使用
4		罐体车（现场安装数量不足时，厂家提供图纸施工单位自行制造）	10	罐外使用
5		导体车	1	罐外使用
6		手柄	2	隔离开关机构（AE）
7		手柄	2	接地开关机构（AE）
8		慢分块	2	调 DS 机构用
9	95495	夹子	8	对接用
10		16 导向套（长）	12	对接用
11		16 导向套（短）	12	对接用
12		16 定位螺母	12	对接用
13	95494	M24 对中螺母	6	对接用
14	95787	M24 导套	6	对接用
15		M20 定位杆	6	对接用
16		M36 定位杆	4	CT 对正杆
17	95059	吊装工具	1	盆吊装工具
18	96950	导体清理工具	2	对接用
19		母线对接支撑工具	10	对接用
20		小型防尘工作间	2	对接用
21		注胶机，包括注胶接头 100 个，胶管；注道康宁 111 使用	1	注防水胶用
22		包装支撑工具	6	对接用
23		两断口断路器手动分、合闸工具	1	试验用
24		四断口断路器测速工具	1	试验用
25		两断口断路器测速工具	1	试验用
26		充氮机	1	充氮气用
27		充氮压力表	1	充氮气用
28		高纯氮气	足量	两断口断路器储能
29		注胶枪	1	注防水胶用
30		氧量仪及操作者	1	测量氧气含量
31		套管专用吊具	1	吊套管用
32		防尘服（蓝）	20 套	进罐清洁用
33		点检鞋	10 双	软底进罐使用

5.5 "安装环境控制"示例

5.5.1 安装方式

该工程 1100kV GIS 主体设备和主母线设备使用移动防尘车间进行安装。套管母线设备使用简易点检房进行母线运输支架拆除和预清理，简易防尘棚进行母线的高位对接。

5.5.2 "六级"防尘

为了实现 GIS 无尘化的安装，对 GIS 作业区进行"六级"防尘措施的管理。

5.5.2.1 一级"抑尘"

针对作业区四周裸露在外的泥土在大风天气下，对作业区的粉尘影响非常大，将裸露在外的泥土用防尘绿色网进行覆盖，抑制灰尘的飞扬。

5.5.2.2 二级"降尘"

GIS 作业区两侧分别有主道路，道路上大量的灰尘在车辆行驶过后就带起大量的灰尘，经过风的带动，灰尘会飘落在 GIS 作业区，对 GIS 安装环境产生影响，通过道路"洒水降尘"和作业区域用"喷雾降尘"抑制灰尘。洒水车"降尘"工作，遵循"定人、定时、定点、定量"四个原则。

5.5.2.3 三级"挡尘"

在安装作业区域的周边安装 2.5m 高的不透风防尘围墙与外界施工环境隔离。其主要作用是利用墙的高度，有效抵挡风的带动而飞扬在空气中有灰尘进入 GIS 作业区。

在围墙与基础中间裸露的地面部分用防尘网覆盖，防止围墙内灰尘影响 GIS 作业。

5.5.2.4 四级"除尘"

作业区域内进行作业，设备、机具产生的灰尘，灰尘降落在地面，利用大功率吸尘器将作业区地面上的灰尘进行及时清除，禁止灰尘堆积，影响设备对接环境，每天上下班对作业区各进行一次人工清扫、拖拭、吸尘。"除尘"是控制内部环境的关键措施。

5.5.2.5 五级"绝尘"

特高压 GIS 对接必须在"绝尘"环境下作业。凡是法兰拆开位置必须在移动车间、防尘棚或 GIS 点检室内作业，不允许露天作业。"绝尘"是无尘作业的核心措施。

（1）任何人不允许随便进入防尘室内，进入防尘室前要在过渡间内穿戴专用防尘服、防尘帽和防尘鞋。

（2）设备、附件及工器具带入防尘房前，要清扫干净其表面的灰尘和污垢，然后将表面处理干净，对所有带入防尘房的物品、工具进行登记及签名；每次带出的工具、物品要进行登记或销账及签字。

（3）工作时拉开的粘扣和打开的对接口要及时封好，防止灰尘通过接口缝隙进入防尘房内部，影响内部环境要求。

5.5.2.6　六级"制度防尘"

（1）作业人员开工时先进更衣间换工作衣、工作鞋等之后，门卫才可放行进入防尘车间进行作业。

（2）每日施工完成后，进行对接安装用的专用防尘服、帽、鞋要放入更衣箱中。专用防尘服由专人隔日清洗更换。

（3）参观人员或非作业人员进入防尘室时，先进入更衣间换参观服及穿戴鞋套后，门卫确认穿戴满足要求后方能放行进入防尘室中。

（4）建立现场防尘工作检查制度，每天开工前由专人进行粉尘记录及防尘措施检查，对作业区的粉尘、湿度进行实时查看。作业区的大屏显示器用于查看以上信息。

防尘室的要求：

1）防尘级别达到百万级（粒径 $0.5\mu m$ 以上的尘埃数量$\leqslant 3.5\times 10^7$个/m^3）。

2）温度控制范围：(20 ± 8)℃。

3）相对湿度不大于 70%。

5.6　"设备验收储存"示例

5.6.1　设备接收

（1）检查发运清单，核对物品与清单一致。

（2）检查货物外观无异常，确认包装完整无损。

（3）检查振动指示器指示情况；对重点单元带有的运输振动记录仪的记录情况进行检查，现场检查如果三维冲击加速度均不大于 $3g$，可以认为正常，三维冲击加速度超过 $3g$ 或冲击监测装置异常时，应与制造厂共同分析，确定检查方案并最终得出检查分析结论。

（4）运输方向有特殊要求的，对运输方向正确性进行检查。

（5）充有气体的运输单元，按产品技术规定检查压力值，并做好记录，有异常情况时应及时采取措施。

（6）开箱检查时应小心谨慎，避免损坏设备或零部件。开箱后，认真核对装箱清单，并按以下要求对设备进行全面检查：

1）出厂证件及有关图纸、资料和文件是否齐全。

2）根据制造厂提供相关资料，查看设备到货的状态与出厂时的状态相符。对照装箱单仔细核对设备的附件、备用零部件、安装用品、专用工具是否齐全，是否有损伤、变形和锈蚀等现象。

3）检查金属表面的油漆和防锈层、颜色及质量是否符合要求。检查标牌上的文字和数据是否正确。

4）包装箱开启后，检查包装箱内部元件是否按要求进行包装保护，不得有进水现象。

5）设备及所有部件外壳无损伤、变形、裂纹、锈蚀，设备漆面完好、无油污、无划伤。

6）玻璃制品或其他易碎品须完好。

7）设备紧固件无明显松动、脱落、损坏现象。

8）瓷套管包装箱有无变形、检查瓷件无损伤。

9）带有软外包装的零部件，应去除软包装后对表面的完好性进行验证。

10）暂时无法开箱检查的，应先对包装箱的外观进行检查，确保其完好性。

（7）实物与装箱清单核对无误后，与安装单位办理交接并在清单上签字，并交由安装单位妥善保管。

5.6.2　储存保管

5.6.2.1　通用要求

（1）按原包装置于平整、坚实、无积水、无腐蚀性气体的场所，对有防雨要求的设备应采取相应的防雨措施。

（2）对于有防潮要求的附件、备件、专用工器具及设备专用材料，应置于干燥的室内，特别是组装用 O 形圈、吸附剂等。

（3）运输单元在运输前已充入低压力的氮气。所有运输用临时防护罩在安装前应保持完好，不得取下。只有在装配前才可以拆开。

（4）非充气元件的保管，应结合安装进度、保管时间、环境做好防护措施。

（5）SF_6 气瓶应存放在防晒、防潮和通风良好的场所，不得靠近热源和油污的地方，严禁水分和油污粘在阀门上。

（6）SF_6 气瓶与其他气瓶不得混放。

5.6.2.2　待安装设备要按下述要求储存

（1）周围空气不能有烟尘、腐蚀或易燃性气体或水蒸气、盐雾等污染物。

（2）使用制造商提供的原始包装，有利于分组保管。

（3）要避免较大的温度波动或直接暴露在阳光下以免凝露。

（4）储存场所应地面平整坚硬。

（5）不同尺寸的包装箱一般不能叠放在一起，如果包装箱必须叠放时，两箱之间必须加木方，使下面的包装箱受力均匀。不允许叠放三个以上的包装箱。

（6）如果储存在户外时，应放置在枕木上以防止水分侵入凝露。

（7）定期检查设备预充气体有无泄漏情况。

5.6.2.3　产品备品备件的储存

设备安装之前备品备件要妥善保管，现场应有合适的库房，并做到如下要求：

（1）备品备件要放在湿度小于 75%、温度应保持在（20±5）℃的环境中。

（2）绝缘件应放在有吸附剂的密封容器中保存，室内无灰尘、无油污。

（3）所有的备品备件应按运行规程中规定的周期进行检查和校验。

（4）金属零件应保存在清洁、干燥的室内，表面应按相关规定进行防腐保护。

（5）各类油脂、密封剂、锁紧剂应放在低温下保存，防止灰尘、水分浸入，不同种类的化学品要分开保存。

5.6.2.4 SF$_6$ 气体的储存和保管

（1）储存场所必须保证通风良好。

（2）气体应有防晒、防潮遮盖措施。

（3）不得靠近热源和有油污的地方，不准有水分和油污粘在阀门上。

（4）气瓶的安全帽、防振圈齐全，安全帽应旋紧。

（5）存放气瓶要使其竖起，标志向外，运输时可以卧放。

（6）搬运时，把气瓶帽旋紧，轻装轻卸，严禁抛滑或敲击、砸撞。

（7）SF$_6$ 到场后要进行送检。气体纯度抽检比例按 GB 50147—2010《电气装置安装工程　高压电气施工验收规范》第 5.5.2 条要求对新 SF$_6$ 进行抽样做全分析。

（8）对每瓶 SF$_6$ 气体做微水试验。

（9）现场交接过程中，检查 SF$_6$ 的出厂检验报告是否符合要求，检验数量是否正确。

5.6.3 转运

5.6.3.1 起吊

（1）根据装箱清单或包装箱出厂检查卡（唛头），确认货物总重，然后选择合适的金属绳和吊钩（制造厂有专用要求的，必须按照制造厂的要求选择专用吊具，并按照制造厂规定的位置进行吊装）。

（2）设备转运必须由专业吊装人员进行吊装，吊装过程要求匀速、平稳。

（3）有包装箱条件下吊起时，要水平或垂直四个点吊起。吊举位置在吊钩处或者吊点标记处。不允许多层叠加后吊装。

（4）无包装条件下吊起时，必须带有可调节水平姿态的吊具，如手拉葫芦。

（5）当水平吊装并且要求中心对准时，要使用手拉葫芦，并正确调节对准。

（6）用于绑扎设备外壳的绳索不能使用裸露的金属等硬质绳索，应使用柔性吊带，以防损伤设备表面的漆膜。

（7）应优先选用制造厂提供的专用吊具进行吊装作业。

（8）观察吊绳与设备本体的附件（如阀门、支架等）无牵连干涉后再起吊，保持吊绳平稳缓慢上升。转运时，人员与物资保持足够的安全距离并时刻关注吊钩的连接状况。

5.6.3.2 运输

（1）运输、包装、卸货时的加速度管理，必须按不超出设备的抗振设计能力实施并通过安装三维冲撞仪进行实时监测。

（2）在储存地点将设备用运输工具运到装配现场前，不允许在没有包装的情况下运输。为了保证运输的安全，不同尺寸的包装箱一般不能叠放在一起（避免压坏下面包装箱的顶盖）。如果包装箱必须叠放时，两箱之间必须加木方，使下面的包装箱受力均匀。不允许叠放三个以上包装箱，应当心由于叠放导致侧面的不平衡，因此，包装箱必须绑扎牢固，以防止翻倒、滚落。必须确认运输中包装箱不会向任何方向移动，造成损坏。

（3）货物由储存地点运输到装配现场过程中，在使用吊车装卸时，应注意包装箱上所标示的有关信息（如标识、质量等），必须配用吊绳，运输单元在运输装卸时不得倒置、磕碰、滚动、跌落或受到剧烈震动。

（4）放在底座运输的汇控柜，为便于固定及内部元件防护，原则上将汇控柜设置在驾驶座侧且柜面朝向行进方向，采取妥善固定措施防止柜体晃动。

（5）GIS 二次转运和设备进场顺序的组织安排，必须与设备安装顺序及实际进度相协调一致，配合恰当。不能盲目转运设备，避免造成场地拥挤、设备堆集、安装秩序混乱等现象。

（6）移动装配间安装的设备应使用专用工装车将单元缓缓向室内移动，也可采用多根撬棍向里撬赶。

（7）产品在进入移动装配车间前必须清除在储存过程中累积的灰尘和水迹。

5.6.3.3 其他要求

除通用要求，对其他存在的危险源进行说明，列出工作时的注意事项及发生问题时的应急处置措施。

（1）在拆包作业时，不要随意松动设备紧固螺栓、拆卸部件。

（2）已施加 0.03MPa 内压的元件，装卸过程中应予以充分注意（视为压力容器，轻拿轻放）。

（3）工作休息间隙，不得将重物在空中悬停。地面有人或落放吊物时应示警，严禁吊物从施工人员正上方越过。吊运物件离地不得过高。若突然停电，吊物停在半空中，必须安排专人看守。

（4）重吨位物件起吊时，应先稍离地面试吊，确认吊挂平稳、制动良好，然后升高，缓慢运行。

（5）在吊装、运输卸货时必须充分注意，应使用牵引绳控制吊运物件处于受控转运，防止与其他物件发生触碰，特别注意铝制设备、精密仪器、绝缘件、导体、套管和气瓶等的防护。

（6）装配单元及支撑等配件必须使用柔性吊带吊装，不可使用钢丝绳避免划伤漆膜或基体表层。

（7）对于运输方向有专门要求的（如断路器、电压互感器、瓷套管）要严格按照设备上标识的吊装方向、运输方向、翻转方向进行转运。

5.6.4 设备开箱

（1）设备在运输之前，充以 0.03MPa（20℃，表压）的氮气，防止潮气浸入，带有绝缘件的气室还要放置吸附剂。设备开箱时，其相对湿度不允许超过 80%。

（2）开箱后应检查零件是否完整无损，核对品名与数量，保存好合格证、装箱清单等其他技术资料。

（3）用起钉器打开包装箱，不允许用工具磕碰和敲击套管和设备外壳。

（4）将套管从包装箱搬出时要特别注意，因为它们的绝缘部分容易破碎或被损坏。

（5）对照装箱单，检查每个包装箱内的货物，确认无缺件。要仔细检查包装器具，因为在运输中，未完全紧固的螺栓、螺母、螺钉等物可能松脱。

（6）不要撕掉设备上附着的标签，因为它们可能会作为后续工作的参考依据。

5.7 "安装前接口验收"示例

5.7.1 基础检查

（1）基础检查项目：根据《地基及载荷分布图》（见施工图纸：基础图）核对各基础埋件均已埋设完毕，确保 GIS 场地及周边无影响设备进场的障碍物，主要检查以下项目：

1）混凝土基础固化时间达到规定的固化时间。

2）基础表面、预埋件、接地引线表面清洁干净。

3）地基位置是否正确。

4）地面预埋件、地面的不平整度是否满足要求，测量预埋件的尺寸是否与图样尺寸相符。

5）根据设计图纸核实支架、地沟、接地点等的位置。

（2）基础检查要求。基础检查应符合交接验收的标准。在用水平仪测量预埋件的不平度时，每处预埋件位置上取点进行测量（每个预埋件最少选取两点进行测量），将测量结果直接标记在预埋件，并将预埋 H 钢不平度形成测量报告，以备在断路器就位时使用。测量的依据如下：

1）相邻预埋件高度差不大于 2mm。

2）全部埋件误差小于 5mm。

3）基础不平整度误差为 5mm。

5.7.2 基础放样

基础验收时，土建施工单位应提交设备中心线和每个间隔的中心线。放样前先检查土建提交的基础放样中心满足要求后，根据土建提交的中心线对基础进行放样。

基础放样的方法是：

（1）所有的横坐标中心线以土建提交的设备中心线为基准线进行放样。

（2）各间隔的纵坐标中心线以土建提交的间隔中心线基准线进行放样，相应画出间隔、套管引出线、母线接口中心线的纵坐标中心线。

进行放样时线条要准确，要求放样的线误差不超过±1mm，GIS需要放样的中心线。具体的放样的过程如下：

（1）定点检查。根据图纸要求在基础板块上画出放样点，并使用激光定位仪、经纬仪和卷尺对放样点进行定点检查。

（2）放样。确认画线点位都正确后，使用墨斗画设备的中心线，主母线、串内母线、分支母线、套管的中心线。

（3）基础尺寸检查。根据图纸要求使用卷尺对进行基础板块上的预埋件、接地点、支架焊接点、电缆沟的位置汇控柜的基础位置进行检查，并记录测量数据。

（4）基础水平度检查。用水平仪精确复测基础预埋件的标高，各段地基的高低，最终测得的水平误差应符合设计和制造厂的要求并记录测量结果。

5.8 "设备单元安装"示例

5.8.1 通用安装工艺

5.8.1.1 零件清洗

GIS元件的金属表面和绝缘件的表面都要进行仔细的检查和清洁。首先检查表面有没有划痕、凹凸不平之处及灰尘，若有则用刀将突出之处刮平。有划痕时用百洁布仔细擦光，用吸尘器吸去金属粉末，绝不能用吹去或抹掉的办法，因为尘埃、金属粉末都很轻，一吹之下，到处飞扬，反而扩大了污染范围。金属粉末吸净后，用工业洁净纸沾上酒精将表面擦净，然后用清洁的塑料薄膜盖好，安装时再揭开。

5.8.1.2 罐体表面的清理

从包装箱中将罐体吊出后置于罐体车上，先不要拆开包装盖板，用抹布蘸酒精清洁罐体表面的灰尘、油污并用吸尘器清理包装盖板上的灰尘。

（1）检查罐体外表面是否缺少螺栓和零部件，油漆是否有磕碰划伤。

（2）并用力矩扳手按规定的力矩紧固所有对接面的螺栓，确认螺栓全部被紧固后，方可拆下包装盖板。

（3）对于缺少的螺栓、零部件、油漆的磕碰划伤应做记录，并及时补充或涂漆，确保不缺少零件。

5.8.1.3 罐体内表面的清理和导体的检查

（1）放掉罐体内部的氮气，松开包装盖板将包装盖板从法兰上慢慢取下，特别注意内部的导体避免磕碰划伤。

（2）清理罐体法兰面上的油污，并用工业洁净纸沾丙酮擦净，用吸尘器吸除螺孔内的灰尘。

（3）用手电对着罐体内部检查罐体内表面，用吸尘器的加长塑料管清理罐体的内、外表面和导体的内表面，主要检查下列项目：

1）导体的内表面和外表面和罐体的内表面是否有灰尘、划伤、磕碰、油漆脱落现象。

2）盆式绝缘子是否脏污。

3）触头、屏蔽罩装配是否正确。

4）螺栓是否紧固，必要时进行装配单元的回路电阻测量。

（4）若导体的镀银面有磕碰，应用刮刀刮去凸起处，并用吸尘器吸净用无毛纸沾酒精擦净，涂薄薄一层润滑脂。

（5）在盆式绝缘子侧装配触头，涂螺纹锁紧剂时涂在螺纹孔内。

（6）用滚刷在罐体的法兰面涂薄薄一层防腐硅脂，并在法兰的阶梯台处注一圈防腐硅脂。

5.8.1.4　触头的检查清理

（1）从包装箱中将触头取出后，拆开包装的塑料。首先检查触头装配是否完整，确认无损坏、缺少零件后方可进行下一步工作。

（2）确认装配在触头上的屏蔽罩不高于触座底面，屏蔽罩与导体座周围间隙均匀。

（3）用吸尘器清理触头的内外表面，确认无灰尘后将触头表面的油渍（包括内表面）污物清理干净，清理干净后再用吸尘器将触头彻底清理一次。

（4）将触头内的环形触指取下，用百洁布轻砂触座的镀银面环形槽面及触座底面（由于放置时间过长可能造成局部氧化）。涂薄薄一层油脂在触座的环形槽内，将环形触指重新装入触座的环形槽内。

（5）将触头装配在盆式绝缘子上并用防尘罩包好，特别注意触头的型号。

5.8.1.5　盆式绝缘子的检查清理

盆式绝缘子都是装配在罐体上面的，对于支撑用的盆式绝缘子（通盆）拆下包装法兰后用不干胶带（装配时要将胶带取下）粘住四个通气孔，防止在作业过程中灰尘、铁屑进入罐体中。

（1）盆式绝缘子塑料封装没有损坏，盆表面不得有划伤、磕碰现象。

（2）盆式绝缘子的导体表面镀银层完好不得有损伤。

（3）用吸尘器吸净盆式绝缘子周围螺杆、中间盲孔和表面的灰尘杂质。

（4）用工业洁净纸蘸无水乙醇将盆式绝缘子清理干净。

（5）用塑料布将盆式绝缘子包好备总装。

（6）清理绝缘件时，工作人员不要用手去摸绝缘件的表面，清洁好的元件不要用手去摸，否则二次污染并用不干胶带粘住盆式绝缘子通气孔。

5.8.1.6　密封圈的清理、检查、装配

（1）未开封的密封圈取出后用干净的工业洁净纸去除其表面的灰尘。

（2）用无毛纸蘸酒精擦拭密封圈表面，确认密封圈表面没有灰尘附着。

（3）将擦拭干净的密封圈用手指均匀地按在密封里面。

（4）密封圈不允许重复使用。

5.8.1.7　导体接触面电力脂的使用

导体的接触面涂抹电力脂的作用是防止金属表面氧化，减少接触电阻。涂抹电力脂前应将导体接触面的氧化层用百洁布除去，然后用滚刷沾上电力脂均匀地涂抹在导体接触面上，用手能在涂抹过电力脂的表面压出指纹痕迹即可。

电力脂应密封在−40～+40℃的室内，用后要将瓶帽旋紧，防止灰尘、杂质、水分混入。涂抹电力脂的滚刷必须清洁，不能用手涂抹电力脂（因为手上有汗）。电力脂不能与有机化学剂混合。

接触面电力脂（OKSVP980）的涂抹方式。

（1）当导体的接触面清洁时，用吸尘器吸除需要涂电力脂的部位。

（2）用无毛纸蘸酒精清除涂抹部位的灰尘，等待酒精挥发干净。

（3）用滚刷表面均匀滚上电力脂，均匀滚在导体镀银面上，用手能在涂抹过电力脂的表面压出指纹痕迹即可。

（4）用干纸擦去多余的电力脂。

（5）当接触面已发生氧化，则应用百洁布去除氧化层，然后用吸尘器、酒精、无毛纸纸清洁干净后涂上电力脂。

5.8.1.8　厌氧型螺纹锁固密封剂涂装

（1）表面处理。若螺纹连接件表面有油污，需用无水乙醇（特殊情况可用丙酮）彻底清洗螺纹表面，除去油污（油污的存在会使固化速度变慢或完全不固化），待清洗剂完全挥发后再使用锁固剂。

（2）涂胶。

1）螺栓—螺母、通孔螺纹连接结构。在螺栓与螺母、螺栓与内螺纹的啮合部位涂上锁紧剂，涂胶长度大约与螺栓外径相等，然后拧入螺母或通孔内，拧紧至规定力矩，最后用工业洁净纸将多余的胶液擦净。

2）盲孔螺纹连接结构。盲孔螺纹涂胶，需将锁固剂涂到盲孔螺纹第三道以下，锁固剂的数量1～2滴，也可根据盲孔深度作适量调整，然后拧入螺栓，拧紧至规定力矩，最后用工业洁净纸将多余的胶液擦净。M5及以下的盲孔螺纹需在锁固剂的涂胶嘴前加一个细的塑料管，确保锁固剂能进入盲孔螺纹里。

3）固化。按规定力矩拧紧后，在环境温度25℃下，15min左右可初步固化，24h完全固化。

4）拆卸。选用可拆卸锁固剂时，用普通扳手即可拆卸。若啮合长度较长时，普通扳手无法拆卸时，可对螺母或螺栓进行局部加热，加热至250℃，趁热拆卸。

选用不可拆卸锁固剂属于永久性锁固，不能用普通扳手直接拆卸。若有拆卸要求时，需加热到250℃趁热拆卸。

（3）注意事项：

1）不建议在纯氧和/或富氧系统中使用该产品，不可将其作为氯或其他强氧化物的密封剂。

2）不建议在塑料件上使用本品，特别是热塑性塑料。

3）使用锁固剂时，应特别注意：被连接的零件上不能滴入过量的锁固剂，且应及时将多余的锁固剂擦拭干净，以免滴到其他零件上，破坏其他零件的涂层或者绝缘件表面。

4）进行导电件连接时要特别注意，如果锁固剂渗入导电接触面，将会影响导电性，甚至不导电。

5）未开封的锁固剂至生产日期起保质期为18个月，开封的锁固剂应密封保存并在尽量短的时间内用完。

6）锁固剂固化后为安全无毒物质，但固化前应尽量避免与皮肤接触，若不慎溅入眼睛内，应迅速用清水冲洗。

5.8.1.9　螺栓、螺母装配及扭转力矩

（1）待连接的零部件在装配前必须清理和清洗干净，不得有灰尘、毛刺、锈蚀、飞边等，紧固部位螺纹不得有切屑油污等。

（2）螺钉、螺栓、螺母等标准件，在装配前必须确认无毛刺、污物后，才能实施装配。

（3）在装配前有必要将螺钉、螺栓和螺纹孔、螺母试装一下，以避免盲目紧固造成螺纹孔或标准件损坏。

（4）零部件装配时尽量将通孔和螺纹孔对正，保证螺栓（钉）、螺母应能用手轻松地旋到待连接零件的螺纹上。

（5）螺钉、螺栓、螺母紧固时，严禁打击或使用不合适的旋具与扳手（如不带力矩的风动扳手或电动扳手等），紧固后螺钉、螺栓、螺母的头部不得损伤。

（6）在进行力矩紧固时，应分三次紧固达到力矩要求〔第一次拧紧至标准力矩的（50±5）％，第二次增加至标准力矩的（70±5）％，第三次拧紧至标准力矩〕。

（7）同一个零件用多个螺钉或螺栓、螺母紧固时，各螺钉（螺栓、螺母）需交错、对称分三次逐步拧紧。

1）如有定位销应从靠近定位销的螺钉（栓）开始；

2）带有四个双头螺杆结构的法兰连接中紧固时先对称分三次紧固双头螺杆，然后对称分三次逐步紧固其他螺栓；

3）利用螺孔对中定位的（即使用对中销工装的），先顺序、对称分三次紧固其他螺栓（钉），待对接法兰对中紧固后，拆下对中工装再装配相应的螺栓（钉）；

4）使用导向套导向，定位螺母定位的法兰装配，先顺序拧紧定位螺母，待对接法兰对中紧固后，再顺序、对称分三次紧固其他螺栓（钉），拆下导向套或定位螺母再装配相应的螺栓（钉）。

（8）水平对接面装配的法兰连接时，螺栓插入和紧固请按以下要求执行。装配时请按图5-3所示顺序，先插入螺栓1、2，再插入其他螺栓，并交错、对称分三次逐步紧固，确认密封圈已经

完全被压缩，法兰已经完全对合。

（9）垂直对接面装配的法兰连接时，螺栓插入和紧固请按以下要求执行。装配时请按图 5-4 所示顺序，先插入螺栓 1、2、3、4，并将其紧固后，再插入螺栓 5～12，并依次对称紧固，确认密封圈已经完全被压缩，法兰已经完全对合。

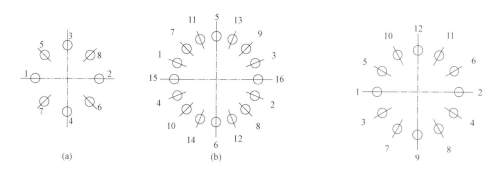

图 5-3　水平法兰螺栓拧紧顺序　　　　　图 5-4　垂直法兰螺栓拧紧顺序

（a）法兰类型 1；（b）法兰类型 2

（10）对法兰或盖板，特别是垂直法兰或盖板，在插入紧固螺栓时，要防止从螺孔中落下异物侵入罐体中或黏附在密封圈的对合面上，影响洁净度和气密性。

（11）在装配作业中，无论一圈螺栓有多少个，作业人员必须按规定将一圈的全部螺栓紧固完毕并做好标记后，方可停工或另作其他工作。

（12）GIS 产品法兰连接时，螺栓与螺母拧紧后，螺栓应露出螺母 1～2 个螺距。如果由于铸造法兰厚度公差累积，造成螺栓与螺母拧紧后，螺栓未露出螺母 1～2 个螺距时，在结构允许的情况下，应更换相同规格、等级稍长的螺栓，保证螺栓至少露出螺母 1～2 个螺距。

（13）对螺栓紧固的部位均实行二次检查，并做出相应紧固标记，即作业者紧固完毕后，先由作业者及所在班组进行自检、互检，作业者自检后画黑色标记，再由检查员或兼职检查员进行专检。规定如下：

1）产品各部位传动部件上的螺栓（母）、锁紧片，专检人员复查确认合格后画红色标记；

2）断路器灭弧室及各气室内部的螺栓（母），专检人员复查确认合格后画红色标记；

（14）螺栓紧固力矩值见表 5-11。

表 5-11　　　　　　　　　　　　　　　螺 栓 紧 固 力 矩 值

规格	纯铜、黄铜及铝合金		Q235、35、45 钢及不锈钢	
	kPa	N·m	kPa	N·m
M6	0.55	5.5	1	10
M8	1.30	13	2.20	22
M10	2.40	24	4.20	42
M12	4.20	42	7	70
M16	9	90	16	160
M20	16	160	30	300

5.8.1.10　注脂要求

（1）把气泵、注脂机用耐压软管连好。

（2）注脂接头安装在注脂孔 1 位置，将与注脂接头相对应 180°的注脂孔 5 上的注脂螺栓拧下，如图 5 - 5 所示。

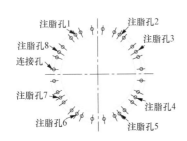

图 5 - 5　注脂示意图

（3）确认需注脂的法兰连接面螺栓均已拧紧，打开气泵，确认注脂管、注脂枪嘴已充满硅脂后，把注脂枪嘴连接到注脂孔 1 位置的注脂接头上，并以 70～75bar 的压力用泵将硅脂注射到注脂槽中，当注脂孔 5 有脂冒出时，拧上注脂螺栓继续注射。一直持续到硅脂在所有的螺栓、螺母、垫圈处溢出为止，仔细检查每个连接螺栓是否有硅脂溢出，如果所有的螺栓、螺母、垫圈处都有硅脂溢出，说明脂已注满，注脂完成。

5.8.2　两断口断路器就位与安装

由于两断口断路器自身重 19t，超出移动装配车间的吊装重，所以两断口断路器卸车及就位必须使用吊重为 120t 以上的吊车进行就位。

5.8.2.1　断路器位置公差控制方法

断路器的就位就是控制断路器三个方面的位置公差，即：

（1）断路器的 X 轴平面对正基础 X 轴。

（2）断路器的 Y 轴平面对正基础 Y 轴。

（3）断路器中心平面距离地面高度为 2700mm。

断路器的位置公差控制方法如图 5 - 6 所示。断路器就位后的三个位置公差值应控制在 1mm 的范围内。

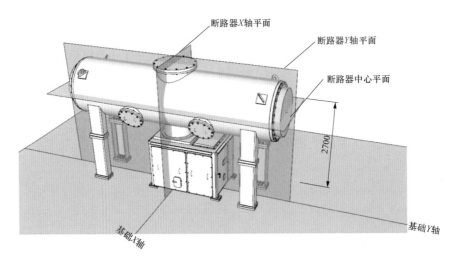

图 5 - 6　断路器的位置公差控制方法

5.8.2.2 确定断路器安装位置

参照设备布置图，确认断路器安装位置。将尼龙吊绳挂在断路器吊耳上，将断路器吊起大致放在已放样的基础上。

5.8.2.3 准备工作

（1）在断路器两侧对接法兰盖板中心处悬挂线锤。

（2）测量断路器的支腿距离，选择中心点，并将断路器的中心点在机构的相应位置做出标记（机构两侧均做标记）。

5.8.2.4 断路器 X 轴平面找正

（1）用撬棍、千斤顶、手拉葫芦前、后、左、右移动断路器，使断路器机构两侧中心的标记对正基础的 X 轴线。

（2）X 轴中心的误差控制偏差要求小于 1mm。

5.8.2.5 断路器 Y 轴平面找正

（1）用撬棍、千斤顶、手拉葫芦前、后、左、右移动断路器，使断路器两侧法兰悬挂的线锤对正基础的 Y 轴线。

（2）Y 轴中心的误差控制偏差要求小于 1mm。

5.8.2.6 标高找正

（1）高度计算：

1）调整水平仪的水平度，核算水平仪观察镜至地面的高度 A。

2）在断路器的法兰两侧螺孔中心位置分别垂下测量卷尺。用水平仪测量螺孔中心至水平仪观察点的高度 B。

3）计算 $A+B=L$，为断路器中心线标高。

（2）依据计算结果，拆开支腿与垫板间的连接螺栓，通过顶丝顶起支腿与垫板，进行垫片的调整。

（3）调整完毕后，按力矩要求紧固支腿的螺栓。

（4）要求保证调整后尺寸与标准尺寸的误差小于 1mm。

5.8.2.7 断路器与基础固定

（1）设备安装就位后，采用焊接方式将设备底架固定于基础预埋件上。

（2）底座与基础之间原则上要求贴合严密无缝隙。

（3）焊接时必须满焊，要求焊缝连贯、均匀。焊缝宽度参照支架安装图。

（4）焊接后对焊接处进行清理，去除焊瘤、焊渣。

（5）最后对焊接处涂刷防锈漆，待防锈漆干燥后进行银粉漆涂刷。

5.8.3 隔离开关安装

5.8.3.1 隔离开关恢复

隔离开关的恢复工作可以在隔离开关安装前进行，也可以在隔离开关安装后进行。

（1）先释放单元内氮气，然后打开静侧位置的包装盖板，使用吸尘器吸罐体内部的氮气，尤其注意吸罐体上方的位置，待单元内氧气浓度大于 18% 后方可进入人员。

（2）检查运输工装的紧固螺栓没有松动。

（3）检查运输工装是否移动，挂板是否有窜动、移位等。

（4）动、静触头间是否有由于运输过程造成的磨损，尤其对动侧支持绝缘子进行检查确认。对于以上各项检查，确认合格后，拍照留存备查，方可拆除所有运输过程用固紧工装、限位块。

（5）拆除运输工装后，拆掉隔离开关上法兰盖板。注意：不允许隔离开关就位后直接打开上法兰盖板，将会对隔离开关造成不可逆的损伤。

（6）对于隔离开关上法兰处 4×M12 螺孔，应采用 8KBd.905.035 螺钉封堵封死，应满足以下要求：

1）检查上法兰 4×M12 螺孔的倒 R 处是否圆滑，无棱角、毛刺等。

2）检查 8KBd.905.035 螺钉的前端 R 处是否无棱角、毛刺并圆滑过渡等。

3）上法兰 4×M12 螺孔内拧入 8KBd.905.035 螺钉时，应先预装配、检查螺纹是否完好，并确认螺钉可以拧到位（拧入后不得凸出上法兰的平面），然后退出 8KBd.905.035 螺钉，清理，重新拧入前螺纹处应涂乐泰 270 锁紧剂，防止该螺钉在操作及运行时，松动退出及脱落。并认真检查确认 8KBd.905.035 螺钉拧入上法兰后，其端面绝对不得凸出上法兰的平面。允许 8KBd.905.035 螺钉拧入螺孔后凹进上法兰表面 1mm 左右。

（7）检查尺寸并填入检查记录卡中，清理传动机构室。回填屏蔽罩，检查上法兰、更换密封圈，安装上法兰，检查罐体内部、动触头、密封槽、导体、静触头、屏蔽罩等并测量回路电阻，用吸尘器清扫后，再用无毛纸蘸酒精擦拭干净，安装包装盖板，待对接。

5.8.3.2 隔离开关对接

（1）放掉隔离开关内部氮气，拆卸盖板。

（2）安装触头在隔离开关内部，插入导体，清理法兰密封面。

（3）放掉包装盖板内部氮气，拆卸盖板。

（4）清理盆式绝缘子表面，安装触头，安装密封圈。

（5）在盆式绝缘子水平位置处安装两个导向杆，挂住隔离开关的四个吊耳，调整手拉葫芦使隔离吊装位置水平。进行对接，对接完成后，对角紧固两个螺栓，然后拆掉定位销，依次紧固其他螺栓到标准力矩值。

5.8.3.3 X、Y 轴找正

（1）用卷尺测量隔离开关下部方法兰尺寸，并在法兰中心做出标记，方法兰四个边都要做好标记。

（2）在隔离开关下法兰处所做标记的四个位置垂下线垂，查看铅锤的锤尖是否与地面划线重合，当铅锤的锤尖与地面中心重合时，隔离开关的中心即被找正。中心的误差控制偏差要求小于 1mm。

（3）如果安装后铜器锤的锤尖没有落在地面所画的线上，可以通过微调相邻位置的安装伸缩节满足找正要求，压缩或拉伸伸缩节时不能超出技术要求规定的尺寸。

5.8.3.4　高度和水平度找正

（1）在隔离开关另一个对接口位置法兰的两侧螺孔中心处垂下测量卷尺。测量地面至法兰中心的尺寸，标准尺寸为 1100mm。如果高度尺寸不符合要求时，在隔离开关支架下方的垫板处加入垫片，要求保证测量尺寸与标准尺寸的误差小于 1mm。

（2）高度调整完成后，用水平尺寸检查隔离开关的水平度，并在地角处加入调整水平的垫片。

5.8.3.5　防止就位后位移的措施

（1）设备安装就位后，采用焊接方式将设备底架固定于基础预埋件上。

（2）底座与基础之间原则上要求贴合严密无缝隙。

（3）焊接时必须满焊，要求焊缝连贯、均匀。焊缝宽度参照支架安装图。

（4）焊接后对焊接处进行清理，去除焊瘤、焊渣。

（5）最后对焊接处涂刷防锈漆，待防锈漆干燥后进行银粉漆涂刷。

5.8.4　电流互感器安装

（1）放掉电流互感器内氮气，拆卸盖板。

（2）清理导体后放入电流互感器罐体内，清理电流互感器内部和密封面。

（3）放掉断路器盖板内氮气，拆卸盖板。

（4）清理触头安装在断路器盆式绝缘子上。

（5）清理均压屏蔽罩，安装在断路器连接法兰位置处，安装密封圈。

（6）测量电流互感器至法兰端面尺寸为 A，测量屏蔽罩至法兰端面尺寸为 B，当（$B-A$）> 12mm 时符合安装要求。

（7）在断路器法兰水平位置处安装两个导向杆，挂住电流互感器的四个吊耳，调整手拉葫芦使电流互感器吊装位置水平。对接时使用水平仪、吊线锤和钢板尺检查，确认与所画的中心线吻合。对接完成后，对角紧固两个螺栓，然后拆掉定位销，依次紧固其他螺栓到标准力矩值。

（8）电流互感器两侧单元安装后，内检人员从手孔盖进入电流互感器内部安装连接导体。

5.8.5　串内母线安装

5.8.5.1　高位伸缩节安装

（1）拆除伸缩节对侧的固定螺栓，将伸缩节压缩工装安装在伸缩节上面，相对 180° 位置安装。

（2）放掉伸缩节内的氮气，拆卸两侧盖板。

（3）清理伸缩节内部和密封面，并清理需要对接的其他密封面，安装密封圈，将内部导体放入伸缩节内部。

（4）清理盆式绝缘子表面，安装触头，安装密封圈。

（5）用工装上的千斤顶对角压缩伸缩节，将伸缩节压缩160mm。

（6）放掉隔离开关内部氮气，拆卸盖板。

（7）安装触头在隔离开关内部，插入导体，清理法兰密封面。

（8）放掉电流互感器内部氮气，拆卸盖板，清理罐体内表面及法兰密封面，安装密封圈。

（9）吊起伸缩节，放入电流互感器与隔离开关间的安装位置。

（10）先将伸缩节一侧与隔离开关对接并紧固螺栓，然后松开压缩工装，使伸缩节另一侧与电流互感器连接面合拢，然后紧固螺栓。

（11）对接伸缩节时注意压缩伸缩节不能超过160mm，安装时在隔离开关侧使用导向套，隔离开关侧先合拢。对接完成后，对角紧固两个螺栓，然后拆掉定位销，依次紧固其他螺栓到标准力矩值。

（12）电流互感器两侧单元安装后，内检人员从手孔盖进入电流互感器内部安装连接导体。

5.8.5.2 串内母线安装

（1）放掉伸缩节内的氮气，拆卸盖板，清理伸缩节内部和密封面，并清理需要对接的其他密封面，安装密封圈。

（2）清理盆式绝缘子表面，安装触头，安装密封圈。

（3）放掉隔离开关内部氮气，拆卸盖板。

（4）安装触头在隔离开关内部，插入导体，清理法兰密封面。

（5）在盆式绝缘子水平位置处安装两个导向杆，四点吊起母线，调整手拉葫芦使母线位置水平。进行对接，对接完成后，对角紧固两个螺栓，然后拆掉定位销，依次紧固其他螺栓到标准力矩值。

（6）对接时使用水平仪、吊线锤和钢板尺检查，确认与所画的中心线吻合。对接完成后，对角紧固两个螺栓，然后拆掉定位销，依次紧固其他螺栓到标准力矩值。

5.8.6 母线安装

5.8.6.1 拆卸VG母线运输支撑的操作流程

（1）放掉VG母线内的氮气，清理干净包装盖板及罐体表面的灰尘，拆卸母线没有盆式绝缘子侧的小手孔盖板，将导体支撑工装（930135）安装在手孔盖处，并将支撑工装外部用塑料布罩好，防止灰尘进入。

（2）测定罐内氧气浓度不小于18%后进罐内，进入罐体内必须穿防尘服，将导体的母线运输支撑（5KBa.043.5085）全部拆除。拆除顺序为先拆里侧运输支撑，后拆外侧运输支撑。

（3）再次对罐内进行清理，进入罐体内部必须穿防尘服，采用倒退的方式进行工作，清理干净出罐后要确认带出罐内物品与带入相同。

（4）将对接的盆式绝缘子及触头进行清理，在法兰对接面均匀涂抹道康宁111防腐硅脂，然后进行对接。如果暂时不能对接，应立即用塑料布包扎后，外面再罩上一层防雨绸布。

（5）单元对接后，将手孔盖上的导体支撑工装（930135）拆卸，用吸尘器从手孔进入罐体内清理拆卸工装时掉入的杂质，清理手孔法兰端面，涂道康宁 111 防腐硅脂，安装手孔盖板。

5.8.6.2　母线安装

主母线的几种典型安装方式为起始段安装、U 形母线安装、末端连接、电压互感器安装。在下面分别进行说明。

（1）放掉母线罐体内的氮气。拆卸对接法兰位置两侧的手孔盖，将导体支撑工装安装在手孔盖位置并用螺栓固定。

（2）工装将内部支撑好后，拆卸母线的包装盖板，清理罐体内部和密封面，并清理需要对接的其他密封面。

（3）放掉对侧母线内的氮气，拆卸盖板，清理盆式绝缘子表面和密封面，并清理需要对接的其他密封面，安装密封圈。

（4）安装触头。

（5）在盆式绝缘子水平位置处安装两个导向杆，四点吊起母线，调整手拉葫芦使母线位置水平，进行对接。对接完成后，对角紧固两个螺栓，然后拆掉定位销，依次紧固其他螺栓到标准力矩值。

（6）将导体支撑工装从手孔盖位置拆除，清洁手孔盖并恢复安装用螺栓固定。

（7）用支架支撑已对接的母线。

（8）对接时使用水平仪、线锤和钢板尺检查，确认与所画的中心线吻合。对接完成后，对角紧固两个螺栓，然后拆掉定位销，依次紧固其他螺栓到标准力矩值。

5.8.6.3　U 形母线安装

（1）排放母线单元内的氮气，拆卸包装盖板。

（2）拆除包装盖板后，用支撑工装将导体进行支撑。

（3）清理壳体法兰面、导体、触头，检查并清理密封圈，在导体上装配触头，螺钉涂乐泰 243 胶，将螺钉紧固到标准力矩值。将密封圈装入密封槽内。

（4）拆除包装盖板。

（5）清理盆式绝缘子，检查并清理密封圈，在导体上装配触头，螺钉涂乐泰 243 胶，将螺钉紧固到标准力矩值，将密封圈装入密封槽内。

（6）在盆式绝缘子水平位置处安装两个导向杆，吊起 VP 母线，调整手拉葫芦使母线位置水平，进行对接。对接完成后，对角紧固两个螺栓，然后拆掉定位销，依次紧固其他螺栓到标准力矩值。

（7）用支架支撑已对接的母线。

（8）对接时使用水平仪、线锤和钢板尺检查，确认与所画的中心线吻合。对接完成后，对角紧固两个螺栓，然后拆掉定位销，依次紧固其他螺栓到标准力矩值。

（9）将支架放入指定位置。

（10）将另一段 VP 母线安装在支架上，放入对接位置附近。

（11）校正临时放置的 VP 母线的位置。

（12）测量对接段母线的长度。

（13）测量被对接段母线的长度。

（14）吊起母线，安装支架在母线上。

（15）在过渡法兰的双头螺栓上安装两个导向杆，四点吊起母线，调整手拉葫芦使母线位置水平，进行对接。对接完成后，对角紧固两个螺栓，然后拆掉定位销，依次紧固其他螺栓到标准力矩值。

（16）按相同的方法安装其余两相母线，安装后进行支架与罐体固定，对支架进行地面固定。

（17）设备充气后，卸掉伸缩节母线双头螺栓和螺母并固定在罐体上。

5.8.6.4　电压互感器安装

（1）放掉对侧母线内的氮气，拆卸盖板。

（2）放掉电压互感器盆式绝缘子包装盖板内的氮气，拆卸盖板。

（3）清理盆式绝缘子表面和密封面，并清理需要对接的其他密封面，安装密封圈。

（4）在过渡法兰的双头螺栓上安装两个导向杆，四点吊起母线，调整手拉葫芦使母线位置水平，进行对接。对接完成后，对角紧固两个螺栓，然后拆掉定位销，依次紧固其他螺栓到标准力矩值。

（5）用支架支撑已对接的电压互感器。

（6）使用水平仪、线锤和钢板尺检查，确认与所画的中心线吻合。

（7）拆卸 VT 罐盖板。

（8）安装盆式绝缘子位置终端屏蔽罩。

（9）安装电压互感器盆式绝缘子位置终端屏蔽罩，并引出接地线。

（10）将接地线接至盖板位置，注意接地线不能太长，并将安装好的接地线贴近电压互感器侧固定，封好盖板。

（11）拆开手孔盖查看接地线是否固定可靠。

5.8.6.5　跨接母线连接安装

（1）放掉室内氮气，拆卸包装盖板。

（2）清理盆式绝缘子，将触头安装在盆式绝缘子上，螺钉紧固到标准力矩值。检查并清理密封圈，将密封圈安装在密封槽内。

（3）清理壳体法兰面、导体、触头，在导体上装配触头，螺钉涂乐泰 243 胶，螺钉紧固到标准力矩值。

（4）放掉第一段母线罐体内的氮气。拆卸对接法兰位置两侧的手孔盖，将导体支撑工装安装在手孔盖位置并用螺栓固定。

（5）工装将内部支撑好后，拆卸母线的包装盖板，清理罐体内部和密封面，并清理需要对接的其他密封面。

（6）拆卸盆式绝缘子侧的包装盖板。

（7）清理盆式绝缘子，将触头安装在盆式绝缘子上，螺钉紧固到标准力矩值。检查并清理密封圈，将密封圈安装在密封槽内。

（8）放掉第二段母线罐体内的氮气。拆卸对接法兰位置两侧的手孔盖，将导体支撑工装安装在手孔盖位置并用螺栓固定。

（9）工装将内部支撑好后，拆卸母线的包装盖板，清理罐体内部和密封面，并清理需要对接的其他密封面。

（10）在盆式绝缘子水平位置处安装两个导向杆，四点吊起母线，调整手拉葫芦使母线位置水平，进行对接。对接完成后，对角紧固两个螺栓，然后拆掉定位销，依次紧固其他螺栓到标准力矩值。

（11）对接完成后拆卸对接位置的导体支撑工装，封闭手孔盖。

（12）放掉 VP 母线气室内氮气，拆卸包装盖板。

（13）清理盆式绝缘子，将触头安装在盆式绝缘子上，螺钉紧固到标准力矩值。检查并清理密封圈，将密封圈安装在密封槽内。

（14）将工装固定在法兰对接口位置，并夹紧导体，防止导体脱落。

（15）将 VP 母线吊起直立。

（16）在盆式绝缘子水平位置处安装两个导向杆，四点吊起母线，调整手拉葫芦使母线位置水平，进行对接。对接完成后，对角紧固两个螺栓，然后拆掉定位销，依次紧固其他螺栓到标准力矩值。

（17）对接完成后拆卸对接位置的导体支撑工装，封闭手孔盖。

（18）在垂直盆式绝缘子水平位置安装两个定位销。四点吊起地面连接完成母线单元，跨接安装在间隔上面，待导体插入插头时，拆卸导体夹紧工装。对接完成后，对角紧固两个螺栓，然后拆掉定位销，依次紧固其他螺栓到标准力矩值。

（19）对接完成后拆卸对接位置的导体支撑工装，封闭手孔盖。

（20）用支架支撑已对接的母线单元。

5.8.7 套管安装

（1）准备吊装工具：50t 吊车 1 台；160t 吊车 1 台；8t、15m 吊绳，2 条；8t、5m 吊绳，2 条；吊装工具 1 套。

（2）准备材料。

1）套管临时竖起放置台：拆除套管下部的运输用护罩时将套管临时竖起用的放置台。承受质量约为 10t。

2）拆除运输用护罩时所使用的防尘罩：拆除用于运输的护罩时，为防止灰尘进入套管下部而使用的器材。请将套管临时竖起放置台放到拆除运输用护罩时所使用的防尘罩的中央处。

当拆除运输用罩时若不使用防尘罩，异物就有可能侵入套管内部，从而影响绝缘性能，因此务必准备防尘罩。

（3）氮气排出。拆去套管下部的运输用护罩本体上的 2 个阀门其中之一的保护板和密封垫片。一点点地拧松阀门，缓慢地放出内部的氮气，直至压力变成 0 为止。

（4）在套管的上下法兰面装上吊具。上、下端的各 2 件吊板应该分别对称地装配在复合套管的上下两个法兰面上，同时，还需要注意使复合套管上端吊板的 ϕ60mm 孔和复合套管下端吊板中间的 M30 螺纹孔处于一条直线上。

若操作失误致使套管（质量 6t）坠落，有可能造成重大人身事故和器物损坏。若采用了下述以外的起吊方法及使用强度不够的钢丝绳和 U 形环，则有可能出现套管坠落的危险。

（5）在吊环上系上吊绳。对于两根 15m 的 8t 吊绳：吊绳的一端系在下端吊板上中间一个 M30 螺纹孔的吊环螺钉上，另一端穿过上端吊板 ϕ60mm 孔，然后挂在吊钩上；对两根 5m 的 8t 吊绳：吊绳的一头系在下端吊板一个 M30 螺纹孔的吊环螺钉上，另一头挂在吊钩上。

（6）竖起过程。将套管吊起，使套管整体与地面保持充分的高度，然后继续缓慢向上吊起套管的上部，同时将套管的下部一侧放下，从而使套管处于竖直位置。

（7）放掉室内氮气，拆卸包装盖板。

（8）用长绝缘杆清理套管内部。

（9）清洁套管下端面及绝缘支撑杆。

（10）在对接的法兰口位置安装防尘棚。

（11）放掉母线罐体内的氮气。拆卸母线的包装盖板，清理罐体内部和密封面，并清理需要对接的其他密封面。

（12）吊起套管安装在母线上，安装完成后拆除吊装工具。

（13）在套管上端安装均压环和接线板。

（14）注意事项：

1）吊装前必须确认设备的起重能力是否满足要求，必须确认吊绳所系位置正确，和吊环连接牢靠，并且吊绳完全卡入吊车的吊钩中。

2）在起吊竖起的过程中，要确保两个吊钩同步地、轻轻地吊起及放下。

3）当套管吊起或放下时，加在套管上的加速度超过 1g，会致使导管损坏，必须将加速度控制在 1g 以内，并保持缓慢的动作，特别是放下作业要结束时落在支撑上的一瞬间必须充分注意。

4）在吊装过程中，务必使用防尘罩，以防止异物进入套管内部，从而影响套管的性能。

5）在竖起过程中，若吊绳只挂在套管的最上端，则会致使套管上部损坏，导致套管坠落，造成重大人身事故和器物损坏。

6）在套管顶部进行作业时，必须使用能够安全作业的高空作业车，绝对不能攀爬套管，以防止发生人员坠落。

7）套管内部充有高于大气压力的气体，此状态下在套管顶部进行作业，若不慎掉下的工具碰撞套管会致使套管损坏。因此在套管顶部进行作业时，务必使套管内部压力在大气压力以下。

5.9　"支架等安装"示例

5.9.1　设备支架安装

设备支架安装的质量要求：

（1）标高偏差≤5mm，垂直度≤5mm，相间轴线偏差≤10mm，本相间距偏差≤5mm，顶面水平度≤2mm。

（2）各构件的组合应紧密，交叉构件在交叉处留有空隙时，应装相应厚度垫片。

（3）螺栓穿向应遵循如下原则：

1）立面结构：水平方向由内向外，垂直方向由下向上，斜向宜斜下向斜上穿，不便时应在同一斜面内取同一方向。

2）平面结构：按统一方向穿入。

3）支架安装完成后螺栓应全部按力矩要求复紧一次。

4）支架水平调整完毕，垫片安装后用水钻在基础上支架孔位处钻孔，并用化学螺栓固定。

5.9.2　接地板安装

（1）接地板安装要求。

1）螺栓将接地铜带与设备单元的接地板连接时，用力矩扳手按照规定的力矩值紧固。

2）螺栓连接必须牢固可靠，接触良好。

3）接地铜带刷黄绿相间的相色漆进行标识。

4）接地线安装应工艺美观，标识规范明显。

（2）设备接地线的安装方法。首先用不锈钢丝刷或锉刀处理净法兰连接面的油漆和接地板上的氧化层，用细纱布擦光，然后用工业洁净纸沾上无水乙醇擦净表面的油污、杂质。在铜排和法兰连接面上涂以一层薄薄的电力脂后，再用不锈钢丝刷刷一次，用白布把原来涂上去的电力脂擦净，立即再涂上一层薄薄的电力脂以防接触面氧化，然后用螺钉紧固，最后用力矩扳手紧固。

5.10　"抽真空及充气"示例

5.10.1　更换吸附剂

（1）排出气室内的高纯氮气，打开单元上装吸附剂的盖板。

（2）检查法兰部位、密封槽、盖板密封面等应清洁无损伤，检查罐体内部、屏蔽罩和内部导体的情况后利用吸尘器进行清洁，再用无水乙醇、无毛纸擦拭干净。

（3）清洁结束后，对罐体内部进行检查，确认合格后才能进行下一步工作。

（4）将吸附剂罩法兰打开，装入吸附剂，吸附剂应在 30min 内装配完毕。

（5）对法兰面、密封槽清扫后，装上新的密封圈。

（6）将装有吸附剂的法兰装配在单元上。

（7）吸附剂不能在雨中或湿度大于 90% 时更换。

（8）吸附剂从密封装置取出到装入产品的时间不要超过 2h。

（9）吸附剂装入产品后，要尽可能快的抽真空。

5.10.2　抽真空

（1）抽真空应由经培训合格的专职人员负责操作，真空机组应完好，所有管道及连接部件应干净、无油迹。

（2）为防止抽真空过程中，真空机组遇有故障或突然停电造成真空泵油被吸入设备，真空机组必须装设电磁逆止阀。

（3）接好电源，检查真空泵的转向，正常后启动真空泵，待真空度达到 133Pa 时，再继续抽真空 30min，然后停泵 30min，记录真空度（A），再隔 5h，读取真空度（B），若（B）－（A）值＜67Pa，则认为合格。继续抽真空至 40Pa，保持 5h 以上。

5.10.3　充 SF_6 气体

（1）将充气管路与减压阀、SF_6 气瓶连接好，用气瓶里的 SF_6 气体把管路内的空气排掉，再将充气管路连接到设备充气口的阀门上。

（2）在充气时，应先打开设备充气口的阀门，再打开 SF_6 气瓶的阀门和减压阀，充气速度应缓慢。冬季施工时宜用电加热器加热，当充至 0.25MPa 时，应检查所有密封面，确认无渗漏，再充至略高于额定工作压力，以便抽气样试验。

（3）充气过程中应核对密度继电器的辅助触点是否能准确可靠动作。

（4）当气瓶压力降至 $9.8 \times 10^4 Pa$（环境温度 20℃）时，即停止使用。

（5）不同温度下的额定充气压力应符合压力—温度特性曲线。

（6）由于设备之间绝缘子承受气体压力的限制，设备进行 SF_6 气体充入作业时，如果相信气室为真空状态下，则要先按设备的额定压力的 1/2（断路器 0.3MPa，其他 0.25MPa）充入 SF_6 气体，待相邻设备充入 SF_6 气体再按照设备的额定压力充入 SF_6 气体。

（7）充气结束后将充气口密封。

5.11 "二次施工"示例

5.11.1 汇控柜安装

汇控柜紧靠各间隔安装，柜内有就地控制、指示、报警和保护所需的各种元件。断路器以及协同工作的隔离开关、接地开关，其就地控制、指示和监视集中在一个柜中。安装和检修 GIS 时，可以在柜内进行操作，运行时则由运行人员在控制室中进行操作。此柜由型钢构架，薄钢板及正门构成。

就地控制柜开箱后，应检查内部的元件、仪表有没有损坏，箱柜有没有变形，油漆是否完好，柜内是否受潮。在安装时，应调整控制柜的水平度和垂直度。安装时应满足表 5 - 12 中的要求。

表 5 - 12　　　　　　　　　　　控制柜的水平度和垂直度误差值表

序号	项目		允许偏差（mm）
1	垂直度（每米）		1.5
2	水平度	相邻两柜顶部	2
3	水平度	陈列柜顶部	5
4	不平度	相邻两柜边	1
5	不平度	成列柜面	5
6	柜间缝隙		2

5.11.2 电缆敷设和接线

此文不再详讲。

5.12 "安装后试验"示例

5.12.1 外观检查项目

虽然 GIS 有制造厂已做过各项严格的试验，在运输过程中包装严密，并充以 0.03MPa（20℃，表压）高纯氮气防潮。但由于 GIS 在制造厂不是整台做试验，而且 GIS 是拆开后运输，可能出现现场安装不当等问题。为了保证运行安全，需在现场做试验。

由于封闭式组合电器已在工厂调试完毕，因此现场不再进行机械尺寸的测量，只做机械操作和机械特性试验、主回路电阻测量、水分含量测量、密封试验和绝缘试验。

安装结束后，试验工作开始前，应进行下列检查：

（1）地脚螺栓是否拧紧。

（2）各部分连接螺栓是否拧紧。

（3）各截止阀是否处于工作位置。

（4）各种仪表指示是否正常。

（5）接地线是否有效接地。

（6）SF₆ 气体压力是否达到规定值。

另外，高压试验前应将 TA 二次引线短接，TA 中的连接导体拆除。

5.12.2　机械操作和机械特性试验

断路器进行机械操作和机械特性试验之前，应进行慢分、慢合操作两次，无异常现象。断路器充入额定的 SF₆ 气体，去掉防慢分装置卡销（注：产品运行前，再装上防慢分卡销），在额定操作电压和额定油压下，断路器分合时间测试。测试符合该工程出厂检验报告中的规定值。

隔离开关、接地开关机械操作和机械特性试验。隔离开关、接地开关的分、合闸时间就满足出厂检验报告中的规定值。

5.12.3　主回路电阻值的测量

（1）主回路电阻值的测量依据。主回路电阻测量过程控制可按单元分别测量，总电阻测量可分段测量。现场实测值与出厂实测值的误差在 10% 以内，三相之差不超过 20%；电阻测量采用直流压降法，输出电流不小于 300A。

（2）测量要求：

1）测量时必须随时监控电流表值确保通流值为 300A；

2）测量线与电源线不能连接在一起；

3）毫伏表测量线必须接在被测对象进、出线端头；

4）电流接通前不得将毫伏表接在回路中，测量结束必须将毫伏表测量线断开后再切断电源。

5.12.4　密度继电器动作值的检测

密度继电器是当各气室的 SF₆ 气体密度降到规定的最小运行密度时，发出报警，并实现闭锁，该检测仅在由于运输、安装等原因而对该元件有怀疑时进行。

密度继电器的整定值见表 5-13，其公差为 0～0.02MPa。

表 5-13　　　　　　　　　　密度继电器的整定值　　　　　　　　　　（MPa）

序号	项目	技术要求	
		断路器隔室	其他隔室
1	SF₆ 气体额定压力	0.6±0.02	0.5
2	SF₆ 气体压力下降报警压力	0.55±0.02	0.45
3	SF₆ 气体压力下降报警解除压力	0.55±0.02	—

序号	项目	技术要求	
		断路器隔室	其他隔室
4	SF$_6$气体压力下降闭锁压力	0.5±0.02	—
5	SF$_6$气体压力下降闭锁解除压力	0.5±0.02	—
6	SF$_6$气体最低功能压力	0.5	0.4

5.12.5 断路器、隔离开关、接地开关电气联锁试验和闭锁试验

断路器、隔离开关、接地开关之间的电气连锁，在二次接线结束、机械特性试验全部结束后，按技术协议要求进行各项试验。操作断路器、隔离开关、接地开关时每项操作应间隔10s以上，以免处于中间状态，连锁失灵。不同元件之间设置的电气连锁均应进行不少于3次的试验，以检验其正确性。

（1）隔离开关、接地开关的闭锁试验。

1）隔离开关处于分闸状态时，确保不自合。

2）接地开关处于合闸状态时，确保不自分。

（2）隔离开关与断路器之间的连锁试验。隔离开关应防止带负荷操作，即任何会引起关合或开断负荷电流的操作都应禁止，只有在断路器断开后才允许相关隔离开关进行分、合闸操作。

（3）母线快速接地开关的连锁试验。母线上的快速接地开关，只有在连接到母线上的所有隔离开关处于打开的情况下才允许合闸。而这些隔离开关，只有在连接到母线上的快速接地开关处于打开的情况下才允许合上。在母线检修时，只有母线快速接地开关合上，才允许母线检修接地开关进行分、合闸操作。

（4）线路侧快速接地开关的连锁试验。线路侧快速接地开关仅在线路隔离开关打开的情况下才允许合闸。

（5）检修接地开关的连锁试验。检修接地开关只有在与其相连的其他的电气设备完全与电力系统隔离后才允许合闸。

（6）低压力闭锁试验。当断路器的液压弹簧操动机构的操作压力降至闭锁压力时，断路器实现闭锁，并发出闭锁信号。当充气气室内的SF$_6$气体密度降低到规定的最小运行压力时发出报警，并实现闭锁。

5.12.6 包扎、检漏与微水测试

5.12.6.1 检漏

（1）气体试验。

1）SF$_6$到场后要进行送检。气体纯度抽检比例按GB 50147—2010《电气装置安装工程 高压电气施工验收规范》第5.5.2条要求对新SF$_6$进行抽样做全分析。

2）对每瓶 SF_6 气体做微水试验。

3）现场交接过程中，检查 SF_6 的出厂检验报告是否符合要求，检验数量是否正确。

（2）设备充气完成 8h 后，采用局部包扎法进行气体检漏。包扎前，先启动通风设施，将设备间排风 1h，对于组合电器表面的一些低凹部位，还应使用吸尘器除去可能残存的 SF_6 气体。

（3）用透明塑料布和胶带（或塑料管）将组合电器所有的对接口（包括密度继电器、充气口、刀闸轴封、地线封盖、电力电缆接头等）包扎严密。

（4）包扎 24h 后，用 SF_6 气体检漏仪进行定量泄漏测试，检测时，应在包扎点最低处多点测试，并适当拍打塑料布。年漏气率不超过 0.5%。

5.12.6.2 测量微水含量

（1）各气室充 SF_6 气体至额定压力，待 48h 后，用水分检测仪测量各气室的 SF_6 含水量。测量时环境相对湿度一般不大于 85%。

（2）检测要求：

1）断路器、隔离开关、接地开关气室 SF_6 水分含量不大于 $150\mu L/L$。

2）其他气室 SF_6 水分含量不大于 $250\mu L/L$。

5.12.7　GIS 各元件试验

（1）测量电流互感器的变比、极性、伏安特性曲线。电流互感器一般在安装前进行测量，电流互感器的变比、极性、伏安特性曲线的测量。

1）试品状态：断路器处于合闸位置，断路器两侧的接地开关处于合闸位置，隔离开关处于分闸位置，拆开接地开关绝缘子与超额壳体之间的接地板，由断路器两侧的接地开关的绝缘子的导体构成一次回路；

2）分别测量电流互感器的极性；

3）极性的确认：各电流互感器二次接线盒中的 K1 要与 L1 对应，在同一瞬间具有同一极性；

4）电池、开关串联在一次回路中，正极性对应 TA 进线方向（L1），TA 二次 K1 按毫伏表正极，K2、K3 分别接负极，当刀开关闭合时，毫伏表指针顺时针偏转。

（2）测量电压互感器的变比、极性、励磁特性曲线。

（3）测量避雷器的交流参考电压、直流参考电压和阻性电流。

（4）测量合闸电阻的阻值，应符合厂家的要求。

（5）测量操动机构的合闸、分闸线圈电阻值。

（6）测量 GIS 配电场（室）的接地电阻值。

（7）在产品投入运行状态下，测量各壳体部位的感应电压，其值不大于 36V。

上述试验项目除 GIS 交接试验规程和运行规程规定的之外，不一定全部在现场复测。安装过程中某些参数有改变的可能性时则做，不可能发生变化的可不做。但安装过程中对某一参数有怀疑的，一定要复测一次。

5.12.8　辅助回路和控制回路的绝缘试验

将断路器、隔离开关、接地开关处于打开状态，用 1000V 绝缘电阻表测量主回路对地、电流互感器与罐体、电压互感器与罐体之间的绝缘电阻。绝缘电阻值应大于 2000MΩ。

用 500V 绝缘电阻表测量辅助回路和控制回路对地绝缘电阻，应大于 2MΩ。

（1）试验电压施加部位：

1）导电回路对地之间；

2）各导电回路中元件的可分断触头之间；

3）不同导电回路之间。

（2）接线方法：

1）进行导电回路对地的耐压试验时，接线方法是用细导线将所有的接线端连在接在一起，然后与试验装置高压电源线连接，机构和汇控柜的配线底板和外壳与地线连接。

2）各导电回路中元件可分断触头间的耐压试验是指对回路中的各种继电器、接触器、辅助开关按钮等电器元件触头间的耐压试验。接线方法是将这些电器元件的一端连在一起并与试验装置的高压电源线连接，另一端与接地线连接。

3）当进行不同导电回路之间的耐压试验时，首先要分析线路，找出各个不是同一电源和不同电压的电路，然后将一个或几个相同的回路连接在一起并与试验装置高压电源线连接，另一个或几个相同的回路与接地线连接。

（3）试验要求和试验判据：控制回路与辅助回路应能承受工频电压 2000V、1min。辅助回路和控制回路的电动机、压力表、压力开关、密度继电器、加热器、计数器等应能承受 1000V、1min 工频电压。使用专用耐低压设备，试验时若未发生破坏性放电，则认为控制回路与辅助回路通过耐压试验。

5.12.9　主回路绝缘试验

（1）主回路绝缘试验应在其他试验项目完成后进行，试验电压频率应为 10～300Hz 范围内。

（2）试品要求：

1）被试验设备应安装完毕，其他规定试验全部合格，SF_6 气体为额定压力值，进行密封特性试验和气体微水测量合格后，方可进行耐压试验。

2）耐压试验前，应对被试设备测量绝缘电阻。

3）耐压试验前，GIS 上所有电流互感器的二次绕组必须短路并接地。

4）试验结束后，降压至 $1.1U_1/\sqrt{3}$ 直接进行局部放电测试。